建设工程识图精讲100例系列

水暖工程识图精讲100例

崔玉辉　主编

中国计划出版社

图书在版编目（CIP）数据

水暖工程识图精讲100例/崔玉辉主编. --北京：
中国计划出版社，2016.1
(建设工程识图精讲100例系列)
ISBN 978-7-5182-0257-7

Ⅰ.①水… Ⅱ.①崔… Ⅲ.①给排水系统-建筑安装-工程制图-识别②采暖设备-建筑安装-工程制图-识别 Ⅳ.①TU82②TU832

中国版本图书馆CIP数据核字（2015）第240890号

建设工程识图精讲100例系列
水暖工程识图精讲100例
崔玉辉 主编

中国计划出版社出版
网址：www.jhpress.com
地址：北京市西城区木樨地北里甲11号国宏大厦C座3层
邮政编码：100038 电话：（010）63906433（发行部）
新华书店北京发行所发行
北京天宇星印刷厂印刷

787mm×1092mm 1/16 10.75印张 254千字
2016年1月第1版 2016年1月第1次印刷
印数 1—3000册

ISBN 978-7-5182-0257-7
定价：30.00元

水暖工程识图精讲100例

编写组

主　编　崔玉辉

参　编　蒋传龙　王　帅　张　进　褚丽丽　周　默　杨　柳　孙德弟　郭　闯　宋立音　刘美玲　张红金　赵子仪　许　洁　徐书婧　左丹丹　李　杨

前　言

施工图是设计人员表达工程内容和构思的工程语言，是施工工作的重要依据。水暖工程是建筑工程的重要组成部分，尽管其不会影响到建筑的结构与人身安全，但是其直接关系到用户的使用功能与生活质量。随着社会的不断进步，人民生活水准越来越高，对建筑水暖的综合要求也越来越高。在建筑施工过程中，如果能快速地读懂水暖施工图，掌握水暖施工图的识读技巧，就可以大大缩短读图时间，正确了解设计意图，使施工结果与设计方案达到完美的结合，从而使工程达到设计预期的目的。因此，我们组织编写了这本书。

本书根据《房屋建筑制图统一标准》GB/T 50001—2010、《总图制图标准》GB/T 50103—2010、《建筑给水排水制图标准》GB/T 50106—2010、《暖通空调制图标准》GB/T 50114—2010 等标准编写，主要包括水暖工程识图基本规定、水暖工程施工图识读内容与方法、水暖工程识图实例。本书采取先基础知识、后实例讲解的方法，具有逻辑性、系统性强、内容简明实用、重点突出等特点。本书可供水暖工程设计、施工等相关技术及管理人员使用，也可供水暖工程相关专业的大中专院校师生学习参考使用。

本书在编写过程中参阅和借鉴了许多优秀书籍、专著和有关文献资料，并得到了有关领导和专家的帮助，在此一并致谢。由于作者的学识和经验所限，虽经编者尽心尽力，但书中仍难免存在疏漏或未尽之处，敬请有关专家和读者予以批评指正。

编　者

2015 年 10 月

目　　录

1 水暖工程识图基本规定

1.1 给水排水工程常用图例

1.1.1 一般规定

1. 图线

1）图线的宽度 b，应根据图纸的类型、比例大小等复杂程度，按照现行国家标准《房屋建筑制图统一标准》GB/T 50001—2010 中的规定选用。线宽 b 宜为 0.7mm 或 1.0mm。

2）建筑给水排水专业制图，常用的各种线型宜符合表 1－1 的规定。

表 1－1 给水排水专业制图常用的各种线型

名称	线 型	线宽	用 途
粗实线	━━━━━━━━	b	新设计的各种排水和其他重力流管线
粗虚线	━ ━ ━ ━ ━ ━	b	新设计的各种排水和其他重力流管线的不可见轮廓线
中粗实线	────────	$0.7b$	新设计的各种给水和其他压力流管线，原有的各种排水和其他重力流管线
中粗虚线	‒ ‒ ‒ ‒ ‒ ‒	$0.7b$	新设计的各种给水和其他压力流管线及原有的各种排水和其他重力流管线的不可见轮廓线
中实线	────────	$0.5b$	给水排水设备、零（附）件的可见轮廓线，总图中新建的建筑物和构筑物的可见轮廓线，原有的各种给水和其他压力流管线
中虚线	- - - - - -	$0.5b$	给水排水设备、零（附）件的不可见轮廓线，总图中新建的建筑物和构筑物的不可见轮廓线，原有的各种给水和其他压力流管线的不可见轮廓线
细实线	────────	$0.25b$	建筑的可见轮廓线，总图中原有的建筑物和构筑物的可见轮廓线，制图中的各种标注线
细虚线	- - - - - -	$0.25b$	建筑的不可见轮廓线，总图中原有的建筑物和构筑物的不可见轮廓线
单点长画线	───·───·───	$0.25b$	中心线、定位轴线
折断线	───╲╱───	$0.25b$	断开界线
波浪线	～～～～	$0.25b$	平面图中水面线，局部构造层次范围线，保温范围示意线

2. 比例

1）建筑给水排水专业制图常用的比例见表1-2。

表1-2 给水排水专业制图厂常用比例

名称	比例	备注
区域规划图、区域位置图	1∶5000、1∶25000、1∶10000、1∶5000、1∶2000	宜与总图专业一致
总平面图	1∶1000、1∶500、1∶300	宜与总图专业一致
管道纵断面图	竖向1∶200、1∶100、1∶50 纵向1∶1000、1∶500、1∶300	—
水处理厂（站）平面图	1∶500、1∶200、1∶100	—
水处理构筑物、设备间、卫生间，泵房平、剖面图	1∶100、1∶50、1∶40、1∶30	—
建筑给水排水平面图	1∶200、1∶150、1∶100	宜与建筑专业一致
建筑给水排水轴测图	1∶150、1∶100、1∶50	宜与相应图纸一致
详图	1∶50、1∶30、1∶20、1∶10、1∶5、1∶2、1∶1、2∶1	—

2）在管道纵断面图中，竖向与纵向可采用不同的组合比例。

3）在建筑给水排水轴测系统图中，当局部表达有困难时，该处可以不用按照比例绘制。

4）水处理工艺流程断面图和建筑给水排水管道展开系统图可以不用按照比例绘制。

3. 标高

1）标高符号以及一般标注方法应符合现行国家标准《房屋建筑制图统一标准》GB/T 50001—2010的规定。

2）室内工程应标注相对标高；室外工程宜标注绝对标高，当无绝对标高资料时，可标注相对标高，但应与总图专业一致。

3）压力管道应标注管中心标高，重力流管道和沟渠宜标注管（沟）内底标高。标高单位以“m”计时，可注写到小数点后第二位。

4）在下列部位应标注标高：

①沟渠和重力流管道：

a. 建筑物内应标注起点、变径（尺寸）点、变坡点、穿外墙及剪力墙处。

b. 需控制标高处。

②压力流管道中的标高控制点。

③管道穿外墙、剪力墙和构筑物的壁以及底板等处。

④不同水位线处。

⑤建（构）筑物中土建部分的相关标高。

5）标高的标注方法应符合下列规定：

①平面图中，管道标高应按照图1-1的方式标注。

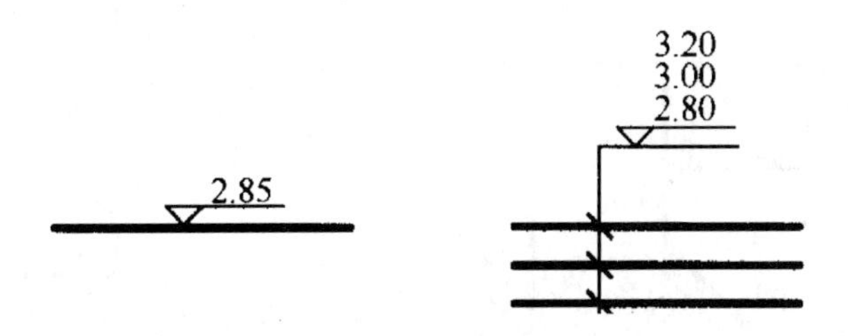

图1-1 平面图中管道标高标注法

②平面图中，沟渠标高应按照图1-2的方式标注。

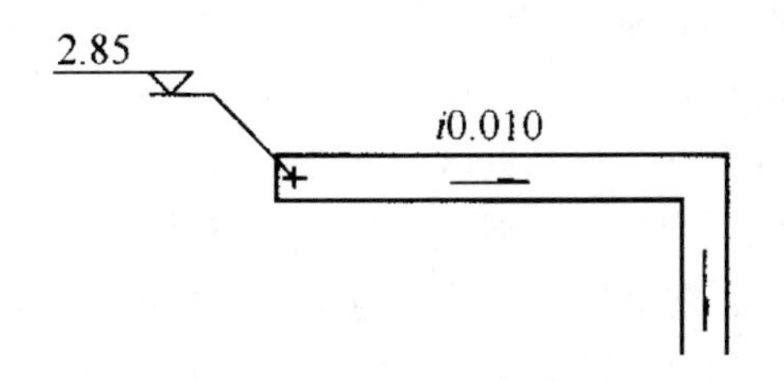

图1-2 平面图中沟渠标高标注法

③剖面图中，管道及水位的标高应按照图1-3的方式标注。

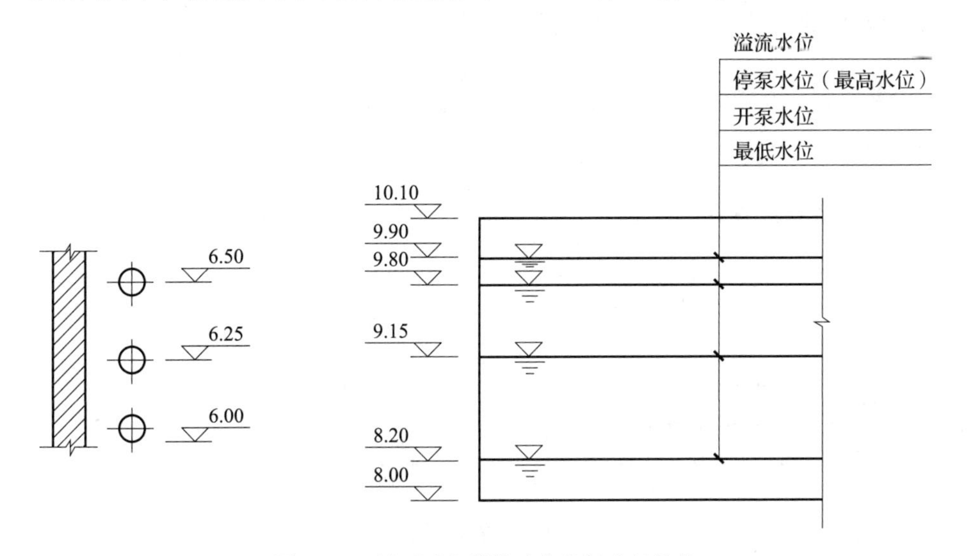

图1-3 剖面图中管道及水位标高标注法

④轴测图中，管道标高应按照图1-4的方式标注。

6）建筑物内的管道也可以按照本层建筑地面的标高加管道安装高度的方式标注管道标高，标注方法应为 *H* + ×．××，*H* 表示本层建筑地面标高。

4．管径

1）管径以“mm”为单位。

2）管径的表达方法应符合下列规定：

①水煤气输送钢管（镀锌或非镀锌）、铸铁管等管材，管径宜以公称直径 *DN* 表示。

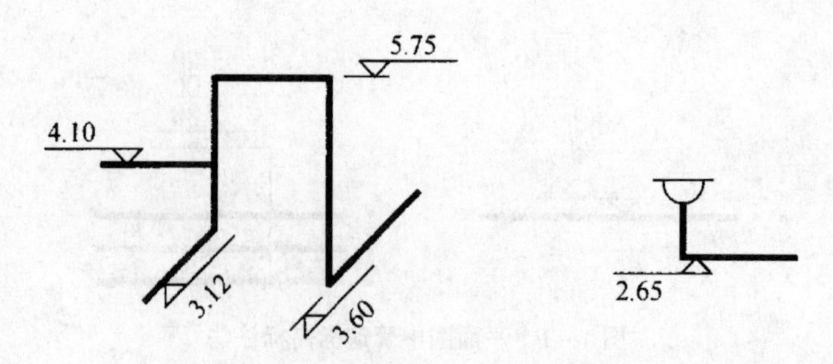

图 1－4　轴测图中管道标高标注法

②无缝钢管、焊接钢管（直缝或螺旋缝）等管材，管径宜以外径 *D*×壁厚表示。

③铜管、薄壁不锈钢管等管材，管径宜以公称外径 *Dw* 表示。

④建筑给水排水塑料管材，管径宜以公称外径 *dn* 表示。

⑤钢筋混凝土（或混凝土）管，管径宜以内径 *d* 表示。

⑥复合管、结构壁塑料管等管材，管径应按产品标准的方法表示。

⑦当设计中均采用公称直径 *DN* 表示管径时，应有公称直径 *DN* 与相应产品规格对照表。

3）管径的标注方法应符合下列规定：

①单根管道时，管径应按照图 1－5 的方式标注。

*DN*20

图 1－5　单管管径表示法

②多根管道时，管径应按照图 1－6 的方式标注。

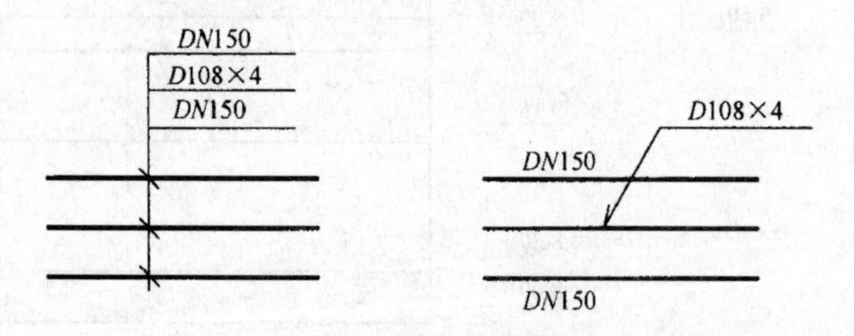

图 1－6　多管管径表示法

5. 编号

1）当建筑物的给水引入管或排水排出管的数量超过一根时，应进行编号，编号宜按照图 1－7 的方法表示。

2）建筑物内穿越楼层的立管，其数量超过一根时，应进行编号，编号宜按照图 1－8 的方法表示。

3）在总图中，当同种给水排水附属构筑物的数量超过一个时，应进行编号，并且应符合下列规定：

①编号方法应采用构筑物代号加编号来表示。

②给水构筑物的编号顺序宜为从水源到干管，再从干管到支管，最后到用户。

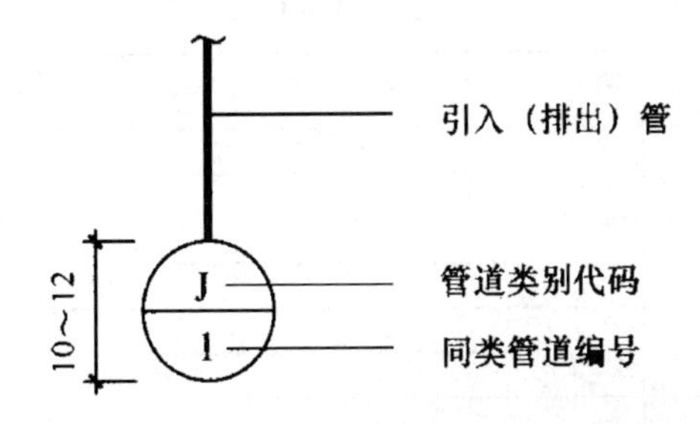

图1-7 给水引入（排水排出）管编号表示法

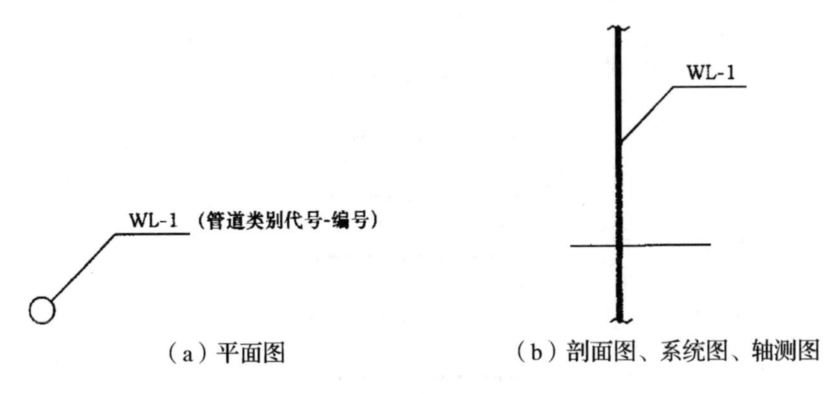

（a）平面图 （b）剖面图、系统图、轴测图

图1-8 立管编号表示法

③排水构筑物的编号顺序宜为从上游到下游，先干管后支管。

4）当给水排水工程的机电设备数量超过一台时，宜进行编号，并应有设备编号与设备名称对照表。

1.1.2 管道与管件

1）管道类别应以汉语拼音字母表示，管道图例宜符合表1-3的要求。

表1-3 管道图例

序号	名称	图例	备注
1	生活给水管	—— J ——	—
2	热水给水管	—— RJ ——	—
3	热水回水管	—— RH ——	—
4	中水给水管	—— ZJ ——	—
5	循环冷却给水管	—— XJ ——	—
6	循环冷却回水管	—— XH ——	—
7	热媒给水管	—— RM ——	—
8	热媒回水管	—— RMH ——	—

续表 1-3

序号	名称	图例	备注
9	蒸汽管	——Z——	—
10	凝结水管	——N——	—
11	废水管	——F——	可与中水原水管合用
12	压力废水管	——YF——	—
13	通气管	——T——	—
14	污水管	——W——	—
15	压力污水管	——YW——	—
16	雨水管	——Y——	—
17	压力雨水管	——YY——	—
18	虹吸雨水管	——HY——	—
19	膨胀管	——PZ——	—
20	保温管		也可用文字说明保温范围
21	伴热管		也可用文字说明保温范围
22	多孔管		—
23	地沟管		—
24	防护套管		—
25	管道立管	XL-1 平面 XL-1 系统	X为管道类别 L为立管 1为编号
26	空调凝结水管	——KN——	—
27	排水明沟	坡向 →	—
28	排水暗沟	坡向 →	—

注：1. 分区管道用加注角标方式表示。

2. 原有管线可用比同类型的新设管线细一级的线型表示，并加斜线，拆除管线则加叉线。

2）管道附件的图例宜符合表 1－4 的要求。

表 1－4　管道附件图例

序号	名　　称	图　　例	备　　注
1	套管伸缩器	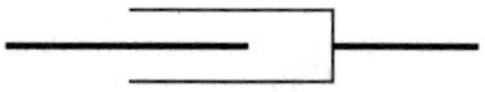	—
2	方形伸缩器		—
3	刚性防水套管	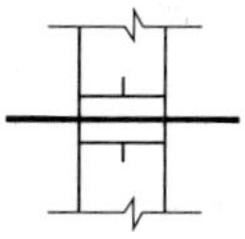	—
4	柔性防水套管	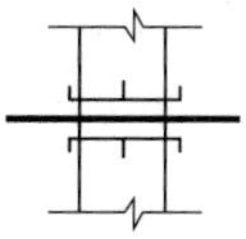	—
5	波纹管		—
6	可曲挠橡胶接头	 单球　双球	—
7	管道固定支架		—
8	立管检查口		—
9	清扫口	 平面　系统	—
10	通气帽	成品　蘑菇形	—
11	雨水斗	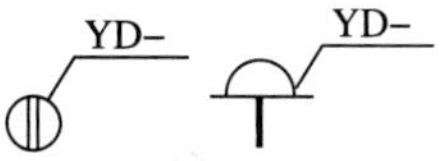 YD-　YD- 平面　系统	—

续表 1-4

序号	名称	图例	备注
12	排水漏斗	平面 系统	—
13	圆形地漏	平面 系统	通用。如为无水封，地漏应加存水弯
14	方形地漏	平面 系统	—
15	自动冲洗水箱		—
16	挡墩		—
17	减压孔板		—
18	Y 形除污器		—
19	毛发聚集器	平面 系统	—
20	倒流防止器		—
21	吸气阀		—
22	真空破坏器		—

续表 1-4

序号	名　称	图　例	备　注
23	防虫网罩		—
24	金属软管		—

3）管道连接的图例宜符合表 1-5 的要求。

表 1-5　管道连接图例

序号	名　称	图　例	备　注
1	法兰连接	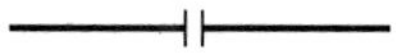	—
2	承插连接	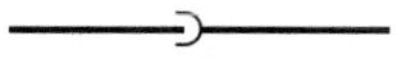	—
3	活接头	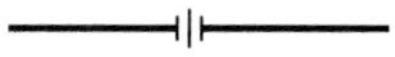	—
4	管堵		—
5	法兰堵盖		—
6	盲板		—
7	弯折管	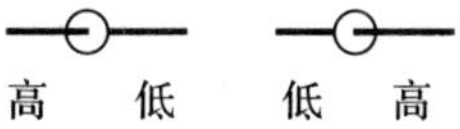 高　低　低　高	—
8	管道丁字上接	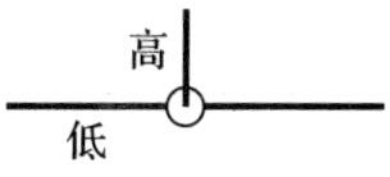 高 低	—
9	管道丁字下接	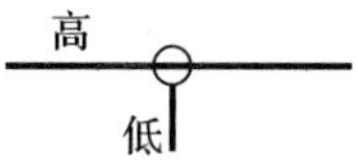 高 低	—
10	管道交叉	 低 高	在下面和后面的管道应断开

4）管件的图例宜符合表1－6的要求。

表1－6　管件图例

序　　号	名　　称	图　　例
1	偏心异径管	
2	同心异径管	
3	乙字管	
4	喇叭口	
5	转动接头	
6	S形存水弯	
7	P形存水弯	
8	90°弯头	
9	正三通	
10	TY三通	
11	斜三通	
12	正四通	
13	斜四通	
14	浴盆排水管	

1.1.3　阀门

阀门的图例宜符合表 1－7 的要求。

表 1－7　阀门图例

序号	名　称	图　例	备　注
1	闸阀		—
2	角阀		—
3	三通阀		—
4	四通阀	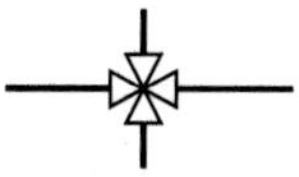	—
5	截止阀	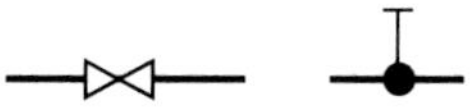	—
6	蝶阀	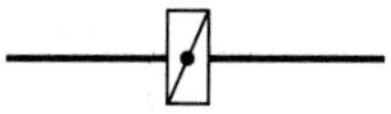	—
7	电动闸阀		—
8	液动闸阀	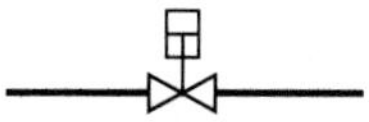	—
9	气动闸阀		—
10	电动蝶阀		—
11	液动蝶阀	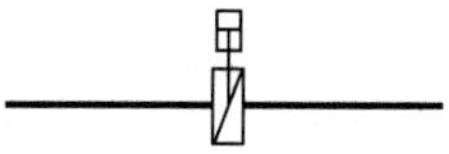	—
12	气动蝶阀	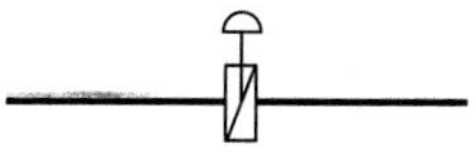	—
13	减压阀	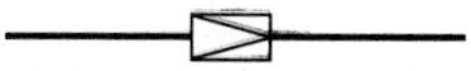	左侧为高压端

续表1-7

序号	名　称	图　例	备　注
14	旋塞阀	平面　系统	—
15	底阀	平面　系统	—
16	球阀		—
17	隔膜阀		—
18	气开隔膜阀		—
19	气闭隔膜阀		—
20	电动隔膜阀		—
21	温度调节阀		—
22	压力调节阀		—
23	电磁阀	M	—
24	止回阀		—
25	消声止回阀		—
26	持压阀	C	—
27	泄压阀		—

续表 1－7

序号	名　称	图　例	备　注
28	弹簧安全阀		左侧为通用
29	平衡锤安全阀		—
30	自动排气阀	平面　系统	—
31	浮球阀	平面　系统	—
32	水力液位控制阀	平面　系统	—
33	延时自闭冲洗阀		—
34	感应式冲洗阀		—
35	吸水喇叭口	平面　系统	—
36	疏水器		—

1.1.4 给水配件

给水配件的图例宜符合表 1－8 的要求。

表1-8　给水配件图例

序号	名　称	图　例
1	水嘴	 平面　系统
2	皮带水嘴	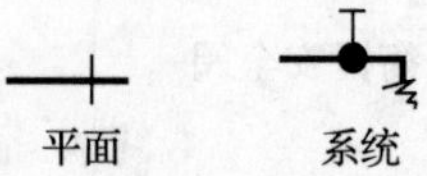 平面　系统
3	洒水（栓）水嘴	
4	化验水嘴	
5	肘式水嘴	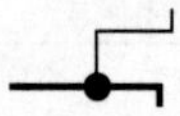
6	脚踏开关水嘴	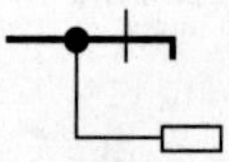
7	混合水嘴	
8	旋转水嘴	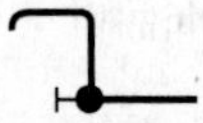
9	浴盆带喷头混合水嘴	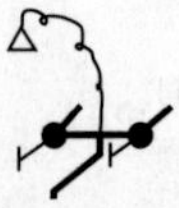
10	蹲便器脚踏开关	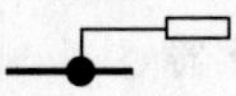

1.1.5　消防设施

消防设施的图例宜符合表1-9的要求。

表 1-9　消防设施图例

序号	名　称	图　例	备　注
1	消火栓给水管	——XH——	—
2	自动喷水灭火给水管	——ZP——	—
3	雨淋灭火给水管	——YL——	—
4	水幕灭火给水管	——SM——	—
5	水炮灭火给水管	——SP——	—
6	室外消火栓		—
7	室内消火栓（单口）	平面　系统	白色为开启面
8	室内消火栓（双口）	平面　系统	—
9	水泵接合器		—
10	自动喷洒头（开式）	平面　系统	—
11	自动喷洒头（闭式）	平面　系统	下喷
12	自动喷洒头（闭式）	平面　系统	上喷
13	自动喷洒头（闭式）	平面　系统	上下喷

续表1－9

序号	名 称	图 例	备 注
14	侧墙式自动喷洒头	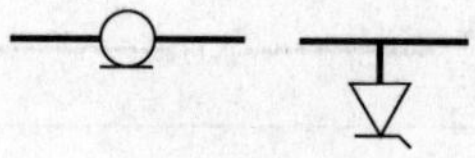 平面 系统	—
15	水喷雾喷头	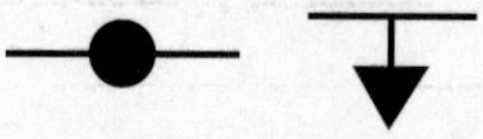 平面 系统	—
16	直立型水幕喷头	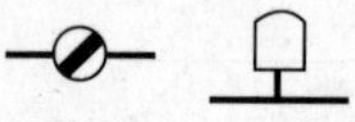 平面 系统	—
17	下垂型水幕喷头	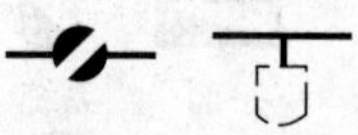 平面 系统	—
18	干式报警阀	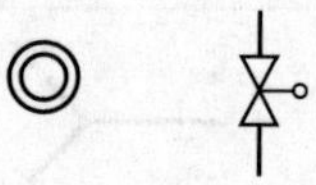 平面 系统	—
19	湿式报警阀	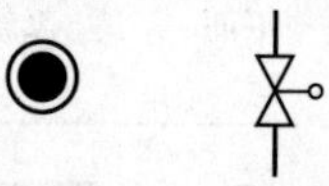 平面 系统	—
20	预作用报警阀	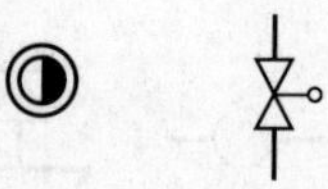 平面 系统	—
21	雨淋阀	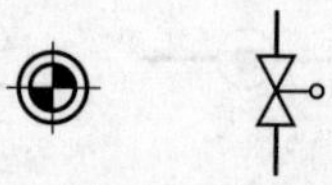 平面 系统	—

续表 1－9

序号	名　　称	图　　例	备　　注
22	信号闸阀		—
23	信号蝶阀		—
24	消防炮	平面　系统	—
25	水流指示器		—
26	水力警铃		—
27	末端试水装置	平面　系统	—
28	手提式灭火器		—
29	推车式灭火器		—

注：1. 分区管道用加注角标方式表示。
2. 建筑灭火器的设计图例可按照现行国家标准《建筑灭火器配置设计规范》GB 50140—2005 的规定确定。

1.1.6　卫生设备及水池

卫生设备及水池的图例宜符合表 1－10 的要求。

表1－10　卫生设备及水池图例

序号	名　　称	图　　例	备　　注
1	立式洗脸盆		—
2	台式洗脸盆		—
3	挂式洗脸盆		—
4	浴盆	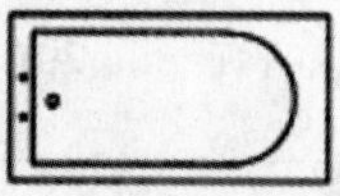	—
5	化验盆、洗涤盆		—
6	厨房洗涤盆	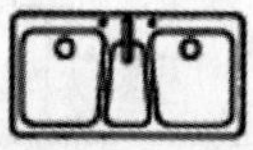	不锈钢制品
7	带沥水板洗涤盆	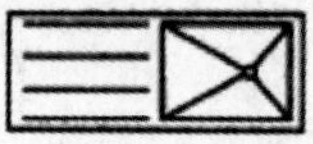	—
8	盥洗盆	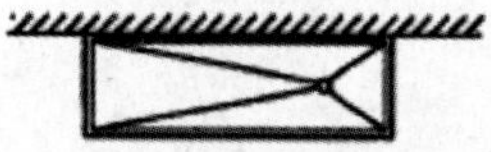	—
9	污水池		—
10	妇女净身盆		—
11	立式小便器		—

续表 1－10

序号	名　称	图　例	备　注
12	壁挂式小便器	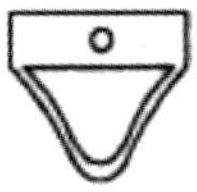	—
13	蹲式大便器	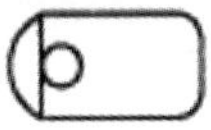	—
14	坐式大便器	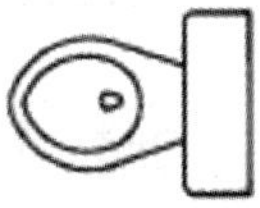	—
15	小便槽	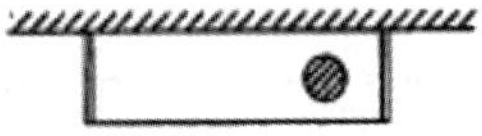	—
16	淋浴喷头		—

注：卫生设备图例也可以建筑专业资料图为准。

1.1.7　小型给水排水构筑物

小型给水排水构筑物的图例宜符合表 1－11 的要求。

表 1－11　小型给水排水构筑物图例

序号	名　称	图　例	备　注
1	矩形化粪池	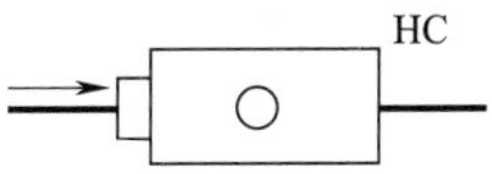 HC	HC 为化粪池
2	隔油池	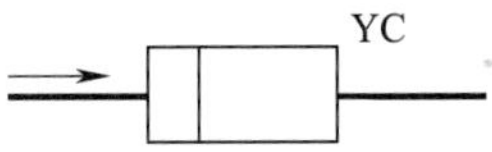 YC	YC 为隔油池代号
3	沉淀池	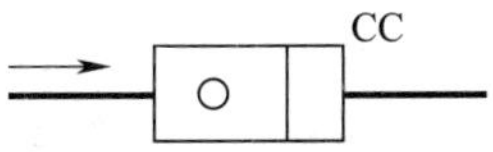 CC	CC 为沉淀池代号

续表 1－11

序号	名　称	图　例	备　注
4	降温池	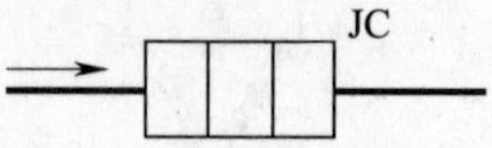 JC	JC 为降温池代号
5	中和池	 ZC	ZC 为中和池代号
6	雨水口（单箅）		—
7	雨水口（双箅）		—
8	阀门井及检查井	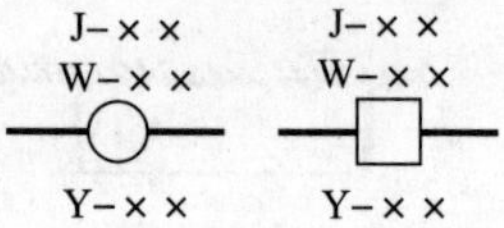 J－×× W－×× Y－××　J－×× W－×× Y－××	以代号区别管道
9	水封井		—
10	跌水井		—
11	水表井		—

1.1.8　给水排水设备

给水排水设备的图例宜符合表 1－12 的要求。

表 1－12　给水排水设备图例

序号	名　称	图　例	备　注
1	卧式水泵	 或 平面 系统	—
2	立式水泵	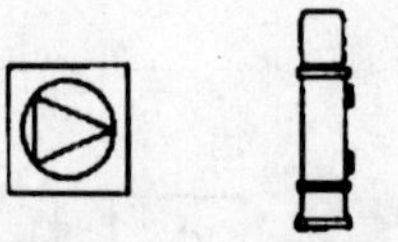 平面 系统	—

续表 1－12

序号	名　称	图　例	备　注
3	潜水泵		—
4	定量泵		—
5	管道泵		—
6	卧室容积热交换器	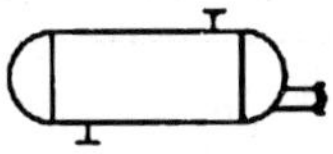	—
7	立式容积热交换器		—
8	快速管式热交换器		—
9	板式热交换器	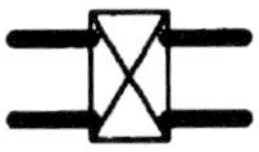	—
10	开水器		—
11	喷射器	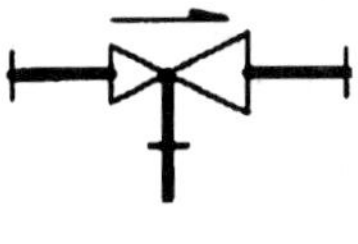	小三角为进水端
12	除垢器		—
13	水锤消除器	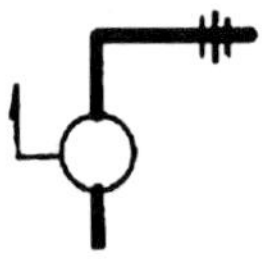	—

续表1-12

序号	名　称	图　例	备　注
14	搅拌器		—
15	紫外线消毒器	 ZWX	—

1.1.9 给水排水专业所用仪表

给水排水专业所用仪表的图例宜符合表1-13的要求。

表1-13 给水排水专业用仪表图例

序　号	名　称	图　例
1	温度计	
2	压力表	
3	自动记录压力表	
4	压力控制器	
5	水表	
6	自动记录流量表	
7	转子流量计	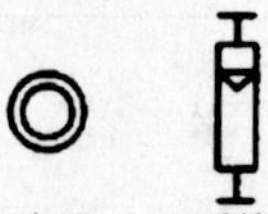 平面　系统
8	真空表	

续表 1－13

序号	名称	图例
9	温度传感器	———[T]———
10	压力传感器	———[P]———
11	pH 传感器	———[pH]———
12	酸传感器	———[H]———
13	碱传感器	———[Na]———
14	余氯传感器	———[Cl]———

1.2 暖通空调工程常用图例

1.2.1 一般规定

1. 图线

1）图线的基本宽度 b 和线宽组，应根据图样的比例、类别及使用方式确定。

2）图线的基本宽度 b 宜选用 0.18mm、0.35mm、0.5mm、0.7mm、1.0mm。

3）图样中仅使用两种线宽时，线宽组宜为 b 和 $0.25b$。三种线宽的线宽组宜为 b、$0.5b$ 和 $0.25b$，并应符合表 1－14 的规定。

表 1－14 线宽

线宽比	线宽组			
b	1.4	1.0	0.7	0.5
$0.7b$	1.0	0.7	0.5	0.35
$0.5b$	0.7	0.5	0.35	0.25
$0.25b$	0.35	0.25	0.18	(0.13)

注：需要缩微的图纸，不宜采用 0.18 及更细的线宽。

4）在同一张图纸内，各不同线宽组的细线可统一采用最小线宽组的细线。

5）暖通空调专业制图采用的线型及其含义宜符合表1－15的规定。

表1－15　暖通空调专业制图用线型及其含义

名称		线型	线宽	一般用途
实线	粗		b	单线表示的供水管线
	中粗		$0.7b$	本专业设备轮廓、双线表示的管道轮廓
	中		$0.5b$	尺寸、标高、角度等标注线及引出线，建筑物轮廓
	细		$0.25b$	建筑布置的家具、绿化等，非本专业设备轮廓
虚线	粗		b	回水管线及单根表示的管道被遮挡的部分
	中粗		$0.7b$	本专业设备及双线表示的管道被遮挡的轮廓
	中		$0.5b$	地下管沟、改造前风管的轮廓线，示意性连线
	细		$0.25b$	非本专业虚线表示的设备轮廓等
波浪线	中		$0.5b$	单线表示的软管
	细		$0.25b$	断开界线
单点长画线			$0.25b$	轴线、中心线
双点长画线			$0.25b$	假想或工艺设备轮廓线
折断线			$0.25b$	断开界线

2．比例

总平面图、平面图的比例宜与工程项目设计的主导专业一致，其余可按表1－16选用。

表1－16　剖面图、放大图、断面图及索引图、详图的比例

图名	常用比例	可用比例
剖面图	1:50、1:100	1:150、1:200
局部放大图、管沟断面图	1:20、1:50、1:100	1:25、1:30、1:150、1:200
索引图、详图	1:1、1:2、1:5、1:10、1:20	1:3、1:4、1:15

1.2.2　水、汽管道

1）水、汽管道可用线型区分，也可用代号区分。水、汽管道代号宜按表1－17采用。

表 1－17 水、汽管道代号

序号	代号	管道名称	备注
1	RG	采暖热水供水管	可附加 1、2、3 等表示一个代号、不同参数的多种管道
2	RH	采暖热水回水管	可通过实践、虚线表示供、回关系，省略字母 G、H
3	LG	空调冷水供水管	—
4	LH	空调冷水回水管	—
5	KRG	空调热水供水管	—
6	KRH	空调热水回水管	—
7	LRG	空调冷、热水供水管	—
8	LRH	空调冷、热水回水管	—
9	LQG	冷却水供水管	—
10	LQH	冷却水回水管	—
11	n	空调冷凝水管	—
12	PZ	膨胀水管	—
13	BS	补水管	—
14	X	循环管	—
15	LM	冷媒管	—
16	YG	乙二醇供水管	—
17	YH	乙二醇回水管	—
18	BG	冰水供水管	—
19	BH	冰水回水管	—
20	ZG	过热蒸汽管	—
21	ZB	饱和蒸汽管	可附加 1、2、3 等表示一个代号、不同参数的多种管道
22	Z2	二次蒸汽管	—
23	N	凝结水管	—
24	J	给水管	—
25	SR	软化水管	—
26	CY	除氧水管	—
27	GG	锅炉进水管	—
28	JY	加药管	—
29	YS	盐溶液管	—
30	XI	连续排污管	—
31	XD	定期排污管	—

续表 1－17

序号	代号	管道名称	备注
32	XS	泄水管	—
33	YS	溢水（油）管	—
34	R_1G	一次热水供水管	—
35	R_1H	一次热水回水管	—
36	F	放空管	—
37	FAQ	安全阀放空管	—
38	O1	柴油供油管	—
39	O2	柴油回油管	—
40	OZ1	重油供油管	—
41	OZ2	重油回油管	—
42	OP	排油管	—

2）水、汽管道阀门和附件的图例宜按表 1－18 采用。

表 1－18　水、汽管道阀门和附件图例

序号	名称	图例	备注
1	截止阀		—
2	闸阀		—
3	球阀		—
4	柱塞阀		—
5	快开阀		—
6	蝶阀	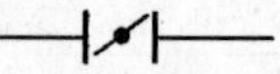	
7	旋塞阀		—
8	止回阀	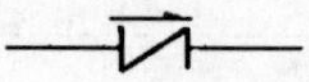	
9	浮球阀		—
10	三通阀		—

续表 1－18

序号	名　称	图　例	备　注
11	平衡阀		—
12	定流量阀		—
13	定压差阀		—
14	自动排气阀		—
15	集气罐、放气阀		—
16	节流阀		—
17	调节止回关断阀		水泵出口用
18	膨胀阀		—
19	排入大气或室外		—
20	安全阀	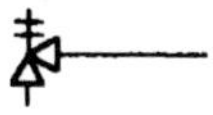	—
21	角阀	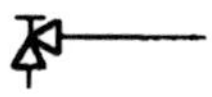	—
22	底阀		—
23	漏斗		—
24	地漏		—
25	明沟排水		—
26	向上弯头		—
27	向下弯头		—

续表 1-18

序号	名称	图例	备注
28	法兰封头或管封		—
29	上出三通		—
30	下出三通		—
31	变径管		—
32	活接头或法兰连接		—
33	固定支架		—
34	导向支架		—
35	活动支架		—
36	金属软管		—
37	可屈挠橡胶软接头		—
38	Y 形过滤器		—
39	疏水器		—
40	减压阀		左高右低
41	直通型（或反冲型）除污器		—
42	除垢仪	E	—
43	补偿器		—
44	矩形补偿器		—
45	套管补偿器		—

续表 1－18

序号	名　　称	图　　例	备　　注
46	波纹管补偿器	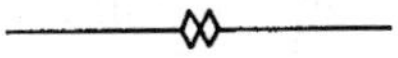	—
47	弧形补偿器		—
48	球形补偿器		—
49	伴热管		—
50	保护套管		—
51	爆破膜		—
52	阻火器	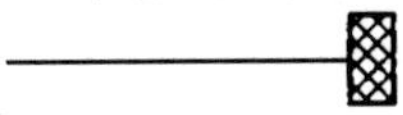	—
53	节流孔板、减压孔板	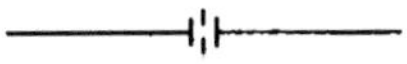	—
54	快速接头	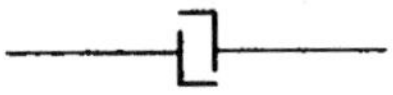	—
55	介质流向	或	在管道断开处时，流向符号宜标注在管道中心线上，其余可同管径标注位置
56	坡度及坡向	i=0.003 或 i=0.003	坡度数值不宜与管道起、止点标高同时标注。标注位置同管径标注位置

1.2.3 风道

1）风道代号宜按表 1－19 采用。

表 1－19　风道代号

序　　号	代　　号	管 道 名 称	备　　注
1	SF	送风管	—
2	HF	回风管	一、二次回风可附加 1、2 区别
3	PF	排风管	—
4	XF	新风管	—
5	PY	消防排烟风管	—
6	ZY	加压送风管	—

续表 1－19

序　号	代　号	管道名称	备　注
7	PY	排风排烟兼用风管	—
8	XB	消防补风风管	—
9	S（B）	送风兼消防补风风管	—

2）风道、阀门及附件的图例宜按表 1－20～表 1－22 采用。

表 1－20　风道、阀门及附件图例

序号	名　称	图　例	备　注
1	矩形风管	***×***	宽×高（mm）
2	圆形风管	ϕ***	ϕ直径（mm）
3	风管向上		—
4	风管向下		—
5	风管上升摇手弯		—
6	风管下降摇手弯		—
7	天圆地方		左接矩形风管，右接圆形风管
8	软风管		—
9	圆弧形弯头		—
10	带导流片的矩形弯头		—
11	消声器		—
12	消声弯头		—

续表 1－20

序号	名　　称	图　　例	备　　注
13	消声静压箱		—
14	风管软接头		—
15	对开多叶调节风阀		—
16	蝶阀		—
17	插板阀		—
18	止回风阀		—
19	余压阀	DPV　DPV	—
20	三通调节阀		—
21	防烟、防火阀	***　***	＊＊＊表示防烟、防火阀名称代号，代号说明另见表 1－21
22	方形风口		—
23	条缝形风口		—
24	矩形风口		—
25	圆形风口		—
26	侧面风口		—
27	防雨百叶		—

续表1－20

序号	名　　称	图　　例	备　　注
28	检修门	J　J	—
29	气流方向		左为通用表示法，中表示送风，右表示回风
30	远程手控盒	B	防排烟用
31	防雨罩		—

表1－21　防烟、防火阀功能

符　　号	说　　明
	防烟、防火阀功能表
***　***　防烟、防火阀功能代号	

阀体中文名称	功能 / 阀体代号	1	2	3	4	5	6①	7②	8②	9	10	11③
		防烟防火	风阀	风量调节	阀体手动	远程手动	常闭	电动控制一次动作	电动控制反复动作	70℃自动关闭	280℃自动关闭	阀体动作反馈信号
70℃防烟防火阀	FD④	√	√		√					√		
	FVD④	√	√	√	√					√		
	FDS④	√	√							√		√
	FDVS④	√	√	√	√					√		√
	MED	√	√	√	√			√		√		√
	MEC	√	√		√		√	√		√		√
	MEE	√	√	√	√				√	√		√
	BED	√	√	√	√	√		√		√		√
	BEC	√	√		√	√	√	√		√		√
	BEE	√	√	√	√	√			√	√		√
280℃防烟防火阀	FDH	√	√		√						√	
	FVDH	√	√	√	√						√	

续表 1－21

符号	说明
	防烟、防火阀功能表
*** *** 防烟、防火阀功能代号	

阀体中文名称	功能 / 阀体代号	1	2	3	4	5	6[①]	7[②]	8[②]	9	10	11[③]
		防烟防火	风阀	风量调节	阀体手动	远程手动	常闭	电动控制一次动作	电动控制反复动作	70℃自动关闭	280℃自动关闭	阀体动作反馈信号
280℃防烟防火阀	FDSH	√	√		√						√	√
	FVSH	√	√	√	√						√	√
	MECH	√	√		√		√	√			√	√
	MEEH	√	√	√	√				√		√	√
	BECH	√	√		√	√	√	√			√	√
	BEEH	√	√	√	√	√			√		√	√
板式排烟口	PS	√			√	√	√	√			√	√
多叶排烟口	GS	√			√	√	√	√			√	√
多叶送风口	GP	√			√	√	√	√		√		√
防火风口	GF	√			√					√		

注：1. 除表中注明外，其余的均为常开型，且所用的阀体在动作后均可手动复位。

2. 消防电源（24V DC）由消防中心控制。

3. 阀体需要符合信号反馈要求的接点。

4. 若仅用于厨房烧煮区平时排风系统，其动作装置的工作温度应当由 70℃改为 150℃。

表 1－22　风口和附件代号

序号	代号	图例	备注
1	AV	单层格栅风口，叶片垂直	—
2	AH	单层格栅风口，叶片水平	—
3	BV	双层格栅风口，前组叶片垂直	—
4	BH	双层格栅风口，前组叶片水平	—
5	C*	矩形散流器，＊为出风面数量	—
6	DF	圆形平面散流器	—
7	DS	圆形凸面散流器	—

续表 1 – 22

序号	代　号	图　例	备　注
8	DP	圆盘形散流器	—
9	DX*	圆形斜片散流器，* 为出风面数量	—
10	DH	圆环形散流器	—
11	E*	条缝形风口，* 为条缝数	—
12	F*	细叶形斜出风散流器，* 为出风面数量	—
13	FH	门铰形细叶回风口	—
14	G	扁叶形直出风散流器	—
15	H	百叶回风口	—
16	HH	门铰形百叶回风口	—
17	J	喷口	—
18	SD	旋流风口	—
19	K	蛋格形风口	—
20	KH	门铰形蛋格式回风口	—
21	L	花板回风口	—
22	CB	自垂百叶	—
23	N	防结露送风口	冠于所用类型风口代号前
24	T	低温送风口	冠于所用类型风口代号前
25	W	防雨百叶	—
26	B	带风口风箱	—
27	D	带风阀	—
28	F	带过滤网	—

1.2.4　暖通空调设备

暖通空调设备的图例宜按表 1 – 23 采用。

表 1 – 23　暖通空调设备图例

序号	名　称	图　例	备　注
1	散热器及手动放气阀	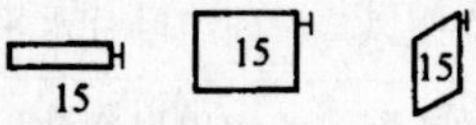 15　15　15	左为平面图画法，中为剖面图画法，右为系统图（Y 轴侧）画法
2	散热器及温控阀	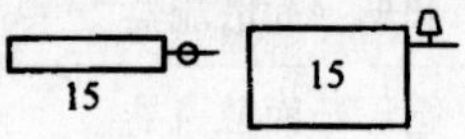 15　15	—

续表 1－23

序号	名　　称	图　　例	备　　注
3	轴流风机	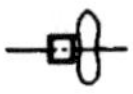	—
4	轴（混）流式管道风机	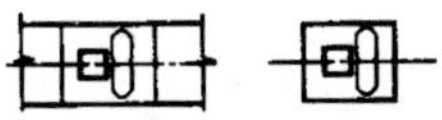	—
5	离心式管道风机	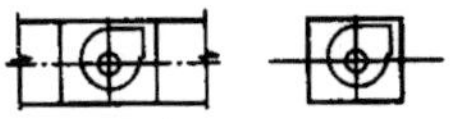	—
6	吊顶式排气扇		—
7	水泵	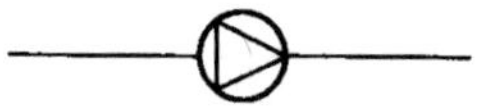	—
8	手摇泵	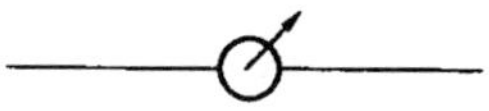	—
9	变风量末端	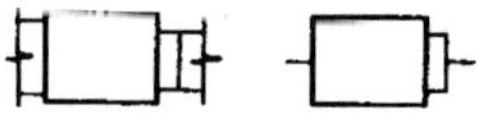	—
10	空调机组加热、冷却盘管		从左到右分别为加热、冷却及双功能盘管
11	空气过滤器		从左至右分别为粗效、中效及高效
12	挡水板		—
13	加湿器	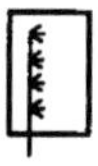	—
14	电加热器	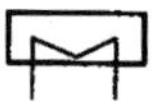	—
15	板式换热器	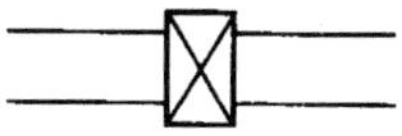	—
16	立式明装风机盘管		—
17	立式暗装风机盘管		—

续表 1－23

序号	名称	图例	备注
18	卧式明装风机盘管	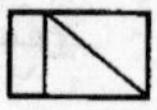	—
19	卧式暗装风机盘管	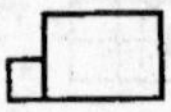	—
20	窗式空调器	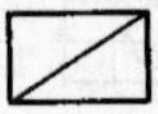	—
21	分体空调器	 室内机 室外机	—
22	射流诱导风机	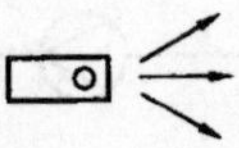	—
23	减振器	 ⊙ △	左为平面图画法，右为剖面图画法

1.2.5 调控装置及仪表

调控装置及仪表的图例宜按表 1－24 采用。

表 1－24 调控装置及仪表图例

序号	名称	图例
1	温度传感器	T
2	湿度传感器	H
3	压力传感器	P
4	压差传感器	ΔP
5	流量传感器	F
6	烟感器	S
7	流量开关	FS

续表 1－24

序　　号	名　　称	图　　例
8	控制器	C
9	吸顶式温度感应器	T
10	温度计	
11	压力表	
12	流量计	F.M
13	能量计	E.M
14	弹簧执行机构	
15	重力执行机构	
16	记录仪	
17	电磁（双位）执行机构	
18	电动（双位）执行机构	
19	电动（调节）执行机构	
20	气动执行机构	
21	浮力执行机构	

续表1-24

序号	名称	图例
22	数字输入量	DI
23	数字输出量	DO
24	模拟输入量	AI
25	模拟输出量	AO

注：各种执行机构可与风阀、水阀组合表示相应功能的控制阀门。

2 水暖工程施工图识读内容与方法

2.1 给水排水工程

2.1.1 识读内容

1. 室内给水排水管道平面布置图的内容

管道平面布置图表明建筑物内给水排水管道、用水设备、卫生器具、污水处理构筑物等的各层平面布置，内容主要包括：

1）建筑物内用水房间的平面分布情况。

2）卫生器具、热交换器、贮水罐、水箱、水泵、水加热器等建筑设备的类型、平面布置、定位尺寸。

3）污水局部构筑物的种类和平面位置。

4）给水和排水系统中的引入管、排出管、干管、立管、支管的平面位置、走向、管径规格、系统编号、立管编号以及室内外管道的连接方式等。

5）管道附件的平面布置、规格、型号、种类以及敷设方式。

6）给水管道上水表的位置、类型、型号以及水表前后阀门的设置情况。

2. 室内给排水管道系统轴测图的内容

室内给水和排水管道系统轴测图通常采用斜等轴测图形式，主要表明管道的立体走向，其内容主要包括：

1）表明自引入管、干管、立管、支管至用水设备或卫生器具的给水管道的空间走向和布置情况。

2）表明自卫生器具至污水排出管的空间走向和布置情况。

3）管道的规格、标高、坡度，以及系统编号和立管编号。

4）水箱、加热器、热交换器、水泵等设备的接管情况、设置标高、连接方式。

5）管道附近的设置情况。

6）排水系统通气管设置方式，与排水管道之间的连接方式，伸顶通气管上的通气帽的设置及标高。

7）室内雨水管道系统的雨水斗与管道连接形式，雨水斗的分布情况，以及室内地下检查井设置情况。

3. 室外给水排水平面布置图的内容

室外给水排水平面布置图的内容主要包括：

1）比例。室外给水排水平面布置图的比例一般与建筑总平面图相同，常用1:500、1:200、1:100，范围较大的小区也可采用1:1000、1:2000。

2）建筑物及道路、围墙等设施。在平面图中，原有房屋以及道路、围墙等设施基本上按建筑总平面图的图例绘制。新建房屋的轮廓采用中粗实线绘制。

3）管道及附属设备。一般把各种管道，如给水管、排水管、雨水管，以及水表

(流量计)、检查井、化粪池等附属设备都画在同一张平面图上。新建管道均采用单条粗实线表示，管径直接标注在相应的管线旁边；给水管一般采用铸铁管，以公称直径 *DN* 表示；雨水管、污水管一般采用混凝土管，则以内径 *d* 表示。水表、检查井、化粪池等附属设备则按图例绘制，应标注绝对标高。

4）标高。给水管道宜标注管中心标高，由于给水管道是压力管，且无坡度，往往沿地面敷设，如敷设时统一埋深，可以在说明中列出给水管的中心标高。

5）排水管道。排水管道应注出起迄点、转角点、连接点、交叉点、变坡点的标高。排水管应标注管内底标高。

6）指北针、图例和施工说明。为便于读图和按图施工，室外给水排水平面布置图中应画出指北针，标明所使用的图例，书写必要的说明。

4. 室外给水排水纵剖面图的内容

室外给水排水纵剖面图的内容主要包括：

1）查明管道、检查井的纵断面情况，有关数据均列在图纸下面的表格中，一般应标明设计地面标高、管底标高、管道埋深、坡度、检查井编号、检查井间距等内容。

2）由于管道的尺寸长度方向比直径方向大得多，绘制纵剖面图时，纵、横向采用不同的比例尺，水平距离比例尺一般为：城市或居民区 1∶5000 或 1∶10000，工厂 1∶1000 或 1∶2000，垂直距离比例尺一般为 1∶100 或 1∶200。

5. 室外给水管网平面施工图的内容

管网平面施工图的内容主要包括：

1）图纸所用的比例尺以及风向图。

2）供水区的地形、地貌、等高线、河流、高地、洼地等。

3）铁路布置、街区布置、主要工业企业平面位置。

4）主干管管网布置，管径和长度，消火栓、排气阀门、排水阀门和干管阀门布置。

6. 热水供应系统平面图的内容

热水供应系统平面图的内容主要包括：

1）热水器具的平面位置、规格、数量及敷设方式。

2）热水管道系统的干管、立管、支管的平面位置、走向，立管编号。

3）热水管管上阀门、固定支架、补偿器等的平面位置。

4）与热水系统有关的设备的平面位置、规格、型号及设备连接管的平面布置。

5）热水引入管、入口地沟情况，热媒的来源、流向与室外热水管网的连接。

6）管道及设备安装所需的预留洞、预埋件、管沟等，搞清与土建施工的关系和要求。

7. 热水供应系统图的内容

热水供应系统图的内容主要包括：

1）热水引入管的标高、管径及走向。

2）管道附件安装的位置、标高、数量、规格等。

3）热水管道的横干管、横支管的空间走向、管径、坡度等。

4）热水立管当超过1根时，应进行编号，并应与平面图编号相对应。

5）管道设备安装预留洞及管沟尺寸、规格等。

8. 小区给水管道平面图的内容

管道平面图是小区给水管道系统最基本的图形，通常采用1∶500～1∶1000比例绘制。在给水管道平面图上应能表达出如下内容：

1）现状道路或规划道路的中心线及折点坐标。

2）管道代号、管道与道路中心线，或永久性固定物间的距离、节点号、间距、管径、管道转角处坐标及管道中心线的方位角，穿越障碍物的坐标等。

3）与管道相交或相近平行的其他管道的状况及相对关系。

4）主要材料明细表及图样说明。

9. 小区给水管道纵剖面图的内容

小区给水管道纵剖面图表明小区给水管道的纵向（地面线）管道的坡度、管道的技术井等构筑物的连接和埋设深度，以及与给水管道相关的各种地下管道、地沟等相对位置和标高。

小区给水管道纵剖面图是反映管道埋设情况的主要技术资料，一般管道纵剖面图主要表达以下内容：

1）管道的管径、管材、管长和坡度、管道代号。

2）管道所处地面标高、管道的埋深。

3）与管道交叉的地下管线、沟槽的截面位置、标高等。

10. 小区排水系统总平面布置图的内容

小区排水系统总平面布置图主要表示小区排水系统的组成和管道布置情况，其内容主要包括：

1）小区建筑总平面。图中应标明室外地形标高，道路、桥梁及建筑物底层室内地坪标高等。

2）小区排水管网干管布置位置等。

3）各段排水管道的管径、管长、检查井编号及标高、化粪池位置等。

2.1.2 识读方法

1. 建筑给水排水平面图的识读方法

1）给水排水平面图主要表示给水立管的位置、支管的布置；热水立管的位置、支管的布置；排水立管的位置、排出管的位置及标高、排水支管的布置，管道直径等。

2）给水引入管和污水排出管都是用编号注写的，编号和管道种类分别写在直径均为8～10mm的圆内，圆内过圆心划一水平线，线上标注管道种类，线下标注该系统编号，用阿拉伯数字写。如给水管写“给”或汉语拼音字母“J”，排水管写“排”或汉语拼音字母“P”。

3）平面图只表示出管道平面位置，立面位置可在系统图中找到。

4）排水系统的横管一般设在地面以下，即下一层的屋顶，绘制平面图时，将排水横管画在本层。

5）如设为首层平面，其排水横管的位置应在首层地面以下，即地下一层的屋顶，但这些管道均在首层平面图上表示，不画在地下一层平面。

2. 建筑给水立管及系统图的识读方法

1）看清楚给水引入管的平面位置、走向、定位尺寸、管径及敷设方式等。

2）看清给水立管的平面位置与走向、管径尺寸及立管编号。

3）应结合给水平面图、详图进行识读，详细识读各个立管接出的具体位置尺寸。

4）各支管管径、标高都应在图中表示出来。

3. 建筑排水立管及系统图的识读方法

1）排水立管图的绘制方法与给水、热水立管图相同。

2）排水立管图的阅读顺序与热水立管不同，应根据水流方向从用水设备开始，顺序阅读。

3）看清楚污水排出管的平面位置、走向、定位尺寸、与室外给水排水管网的连接形式、管径及坡度等。

4）看清立管、支管的平面位置与走向、管径尺寸及立管编号。

4. 给水管道防水管套安装图的识读方法

1）防水管套的尺寸、安装形式、适用范围。

2）防水管套的保温层材料、施工要求。

3）不同形式的防水管套安装要求。

5. 热水供应系统图的识读方法

1）首先粗看图纸封面，了解热水供应建筑的名称、设计单位和设计日期。

2）从图纸目录中了解施工图纸的设计张数、设计内容。

3）了解设计说明上的内容，掌握建筑高度、层数、室外热源的位置和距离等内容，特别要了解图样中所选用的管材、管件、阀门等的质量要求和连接方式。

4）识读平面图。在平面图中观察热水干管、循环回水干管的布置，热水用具和连接热水器的立管、横支管。然后从底层平面图上看热水的引入管位置，室外、室内地沟的位置与连接。

5）识读系统图。一般和平面图对照看，从水加热器开始，到热水干管、立管、用水器具，对热水供应系统给水方式和循环方式，循环管网的空间走向，横干管、立管的位置走向及管道连接，热水附件的安装位置及标高、管径、坡度等进行了解。

6）根据设计图样或标准图样，详查卫生器具的安装，管道穿墙、穿楼板的做法。查看设计图样上所表示的管道防腐绝热的施工方法和所选用的材料等。

6. 消火栓给水施工图的识读方法

建筑消火栓给水平面图是表明消火栓管道系统及室内消防设备平面布置的图样。

看平面图时，先按水流方向粗看（水池→水泵→水箱→横干管→立管→消火栓），再细看沿水流方向的管道中其他附件装置。详细了解所用管材、管径、规格，水池、水泵、水箱的规格型号及消火栓、水龙带、水枪的规格尺寸。对与建筑交叉的管线、消防设备应细看。即先粗后细，先全面后局部。

2.2 暖通空调工程

2.2.1 识读内容

1. 室内采暖管道平面图的内容

室内采暖管道平面图表明管道、附件及散热器在建筑物内的平面位置及相互关系。可分为底层平面图、楼层平面图及顶层平面图。其内容主要包括：

1）散热器或热风机的平面位置、散热器种类、片数及安装方式，即散热器是明装、暗装或半暗装。

2）立管的位置及编号，立管与支管和散热器的连接方式。

3）蒸汽采暖系统表明疏水器的类型、规格及平面布置。

4）顶层平面图表明上分式系统干管位置、管径、坡度、阀门位置、固定支架及其他构件的位置。热水采暖系统还要表明膨胀水箱、集气罐等设备的位置及其接管的布置、规格。

5）底层平面图要表明热力入口的位置及管道布置。

2. 室内采暖管道系统图的内容

系统图是表示采暖系统空间布置情况和散热器连接形式的立体轴测图，反映系统的空间形式。其内容主要包括：

1）从热力入口至系统出口的管道总立管、供水（汽）干管、立管、散热器支管、回（凝结）水干管之间的连接方式、管径，水平管道的标高、坡度及坡向。

2）散热器、膨胀水箱、集气罐等设备的位置、规格、型号及接管的管径、阀门的设置。

3）与管道安装相关的建筑物的尺寸，如各楼层的标高、地沟位置及标高等也要表示出来。

3. 室外供热管道平面图的内容

室外供热管道平面图是在城市或厂区地形测量平面图的基础上，将采暖管道的线路表示出来的平面布置图，其内容主要包括：

1）管网上所有的阀门、补偿器、固定支架，检查室等与管线的标注。

2）采暖管道的布置形式、敷设方式及规模。

3）管道的规格和平面尺寸，管道上附件和设备的规格、型号和数量，检查室的位置和数量等。

4. 室外采暖管道纵断面图的内容

室外采暖管道纵断面图是依据管道平面图所确定的管道线路，它反映出管线的纵向断面变化情况，不能反映出管线的平面变化情况，其内容主要包括：

1）自然地面和设计地面的高程、管道的高程。

2）管道的敷设方式。

3）管道的坡向、坡度。

4）检查室、排水井和放气井的位置和高程。

5）与管线交叉的公路、铁路、桥涵、水沟等。

6）与管线交叉的设施、电缆及其他管道等。

5. 通风系统平面图的内容

通风系统平面图主要表达通风管道、设备的平面布置情况和有关尺寸，内容主要包括：

1）以双线绘出的风道、异径管、弯头、静压箱、检查口、测定孔、调节阀、防火阀、送排风口等的位置。

2）水式空调系统中，用粗实线表示的冷、热媒管道的平面位置、形状等。

3）送、回风系统编号，送、回风口的空气流动方向等。

4）空气处理设备（室）的外形尺寸、各种设备定位尺寸等。

5）风道及风口尺寸（圆管注管径、矩形管注宽×高）。

6）各部件的名称、规格、型号、外形尺寸、定位尺寸等。

6. 通风系统剖面图的内容

通风系统剖面图表示通风管道、通风设备及各种部件竖向的连接情况和有关尺寸，内容主要包括：

1）用双线表示的风道、设备、各种零部件的竖向位置尺寸和有关工艺设备的位置尺寸，相应的编号尺寸应与平面图对应。

2）注明风道直径（或截面尺寸），风管标高（圆管标中心，矩形管标管底边），送、排风口的形式、尺寸、标高和空气流向等。

7. 通风系统图的内容

通风系统图是采用轴测图的形式将通风系统的全部管道、设备和各种部件在空间的连接及纵横交错、高低变化等情况表示出来，内容主要包括：

1）通风系统的编号、通风设备及各种部件的编号，应与平面图一致。

2）各管道的管径（或截面尺寸）、标高、坡度、坡向等，系统图中的管道一般用单线表示。

3）出风口、调节阀、检查口、测量孔、风帽及各异形部件的位置尺寸等。

4）各设备的名称及规格、型号等。

2.2.2 识读方法

1. 建筑室内采暖平面图的识读方法

1）了解建筑物的总长、总宽及建筑轴线情况。

2）了解建筑物朝向、出入及分间情况。

3）了解供暖的整体概况，明确供暖管道布置形式、热媒入口、立管数目及管道布置的大致范围。

4）查明建筑物内散热器的平面位置、种类、片数及散热器的安装形式、方式，即散热器是明装、暗装或半暗装的。通常散热器是安装在靠外墙的窗台下，散热器的规格和数量应注写在本组散热器所靠外墙的外侧，如果散热器远离房屋的外墙，可就近标注。

5）查明水平干管的布置方式，干管上的阀门、固定支架、补偿器等的平面位置及型号。识读时需注意干管敷设在最高层、中间层还是底层，以此判断是上分式系统、中分式系统或下分式系统，在底层平面图上还需查明回水干管或者凝结水干管（虚线）的位置以及固定支架等的位置。回水干管敷设在地沟内时，则需要查明地沟的尺寸。

6）通过立管编号查清系统立管数量和平面布置。

7）查明热媒入口。

8）在热水采暖系统平面图中查明膨胀水箱、自动排气阀或集气罐的位置、型号、配管管径及布置。对车间蒸汽采暖管道应查明疏水器的平面位置、规格尺寸、疏水装置组成等。

9）查明热媒入口及入口地沟情况。

①热媒入口无节点详图时，平面图上一般将入口组成的设备如减压阀、疏水器、分水器、分汽缸、除污器、控制阀、温度计、压力表、热量表等表示清楚，并标注管径、热媒来源、流向、热工参数等。

②如果热媒入口主要配件与国家标准图相同，平面图则注明规格、标准图号，按给定标准图号查阅。

③热媒入口有节点详图时，平面图则注明节点图的编号以备查阅。

2. 建筑室外采暖平面图的识读方法

1）查明供水管路的布置形式。

2）查明管道的平面布置位置。

3）查明热水引出支管的走向。

4）查明供暖热水管路的节点、距离、标高、管路转向等。

3. 建筑室内采暖系统图的识读方法

1）查明管道系统中干管与立管之间及支管与散热器之间的连接方式。

2）查明阀门安装位置及数量。

3）查明各管段管径、坡度坡向、水平干管的标高、立管编号、管道的连接方式。

4）查明散热器的规格型号、类型、安装形式、方式及片数（中片和足片）、标高、散热器进场形式（现场组对或成品）。

5）查明各种阀件、附件及设备在管道系统中的位置，凡是注有规格型号者，应与平面图和材料明细表进行校对。

6）查明热媒入口装置中各种阀件、附件、仪表之间相对关系及热媒的来源、流向、坡向、标高、管径等。有节点详图时，应查明详图编号及内容。

7）查明支架及辅助设备的设置情况。支架、辅助设备具体位置在平面图上已表示出来了，立、支管上的支架在施工图中不画出来的，应按规范规定进行选用和设置。

8）采暖管道施工图有些画法是示意性的，有些局部构造和做法在平面图和系统图中无法表示清楚，因此在看平面图和系统图的同时，根据需要查看部分标准图。

4. 建筑室内采暖立面图的识读方法

1）查明采暖系统各立管空间位置及详细布置。

2）查明散热器的规格型号、类型、安装形式、方式及片数等。

3）查明各种阀件、附件及设备在管道系统中的位置。

5. 通风系统平面图的识读方法

1）查找系统的编号与数量。对复杂的通风系统需对其中的风道系统进行编号，简单的通风系统可不进行编号。

2）查找通风管道的平面位置、形状、尺寸。弄清通风管道的作用，相对于建筑物墙体的平面位置及风管的形状、尺寸。风管有圆形和矩形两种。通风系统一般采用圆形风管，空调系统一般采用矩形风管，因为矩形风管易于布置，弯头、三通尺寸比圆形风管小，可明装或暗装于吊顶内。

3）查找水式空调系统中水管的平面布置情况。弄清水管的作用以及与建筑物墙面的距离。水管一般沿墙、柱敷设。

4）查找空气处理各种设备（室）的平面布置位置、外形尺寸、定位尺寸。

5）查找系统中各部件的名称、规格、型号、外形尺寸、定位尺寸。

6. 通风系统剖面图的识读方法

1）查找水系统水平水管、风系统水平风管，设备、部件在竖直方向的布置尺寸与标高，管道的坡度与坡向，以及该建筑房屋地面和楼面的标高，设备、管道距该层楼地面的尺寸。

2）查找设备的规格型号及其与水管、风管之间在高度方向上的连接情况。

3）查找水管、风管及末端装置的规格型号。

7. 通风系统图的识读方法

阅读通风系统图查明各通风系统的编号、设备部件的编号、风管的截面尺寸、设备名称及规格型号、风管的标高等。

3 水暖工程识图实例

3.1 给水排水工程图识读实例

实例1：给水排水平面图识读

图3－1为首层给水排水平面图，从图中可以了解以下内容：

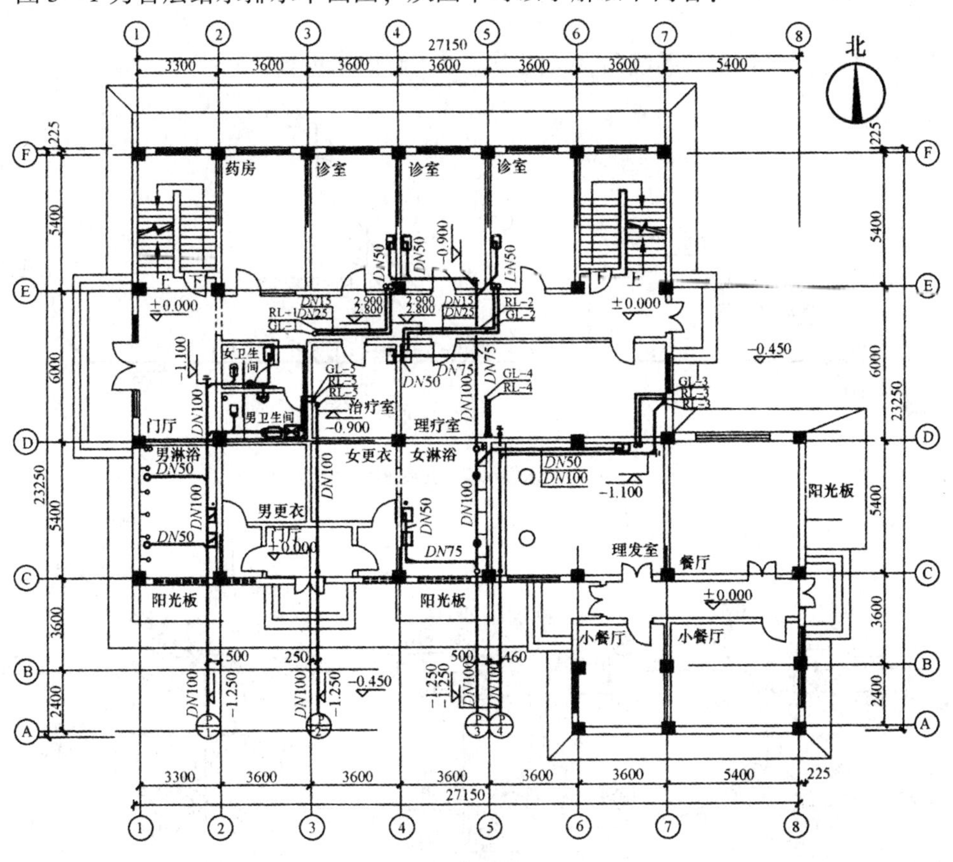

图3－1 首层给水排水平面图

1）图中表示出给水立管GL－1～GL－5、热水立管RL－1～RL－5的位置，及首层平面给水、热水支管的布置。如给水立管GL－3，位置在⑦轴的西侧、Ⓓ轴的北侧。从该立管引出水平支管，先向西，再向南，过Ⓓ轴向下，其最终将水送到理发室的用水设备。

2）该排水系统共有4根排出管$\frac{P}{1}$、$\frac{P}{2}$、$\frac{P}{3}$、$\frac{P}{4}$。其中$\frac{P}{1}$和$\frac{P}{3}$两根排出管是用来排除首层中各用水设备排除后的污水。男卫生间、女卫生间、男浴室中各卫生器具的排水接入排出管$\frac{P}{1}$。该排出管管径为100mm，起点埋深－1.10m，终点埋深

-1.25m，位置在距②轴500mm处。各诊室、治疗室、理疗室、理发室、女浴室中卫生器具排出的污水排入排出管$\frac{P}{3}$，管径从50mm变为75mm，再变为100mm。起点埋深-0.90m，终点埋深-1.25m，位置在距⑤轴500mm处。

3）$\frac{P}{2}$和$\frac{P}{4}$两根排出管，用来排除2层、3层的污水。2~3层共有排水立管5根，PL-1~PL-5，其中PL-1接入PL-5，经排出管$\frac{P}{2}$排出。PL-2、PL-4、PL-3经排出管$\frac{P}{4}$排出。排出管$\frac{P}{2}$排出时管径为100mm，埋深-1.25m，位置距③轴250mm；排出管$\frac{P}{4}$排出时管径为100mm，埋深-1.25m，位置距⑤轴460mm。

实例2：给水立管及系统图识读

图3-2为给水立管及系统图，从图中可以了解以下内容：

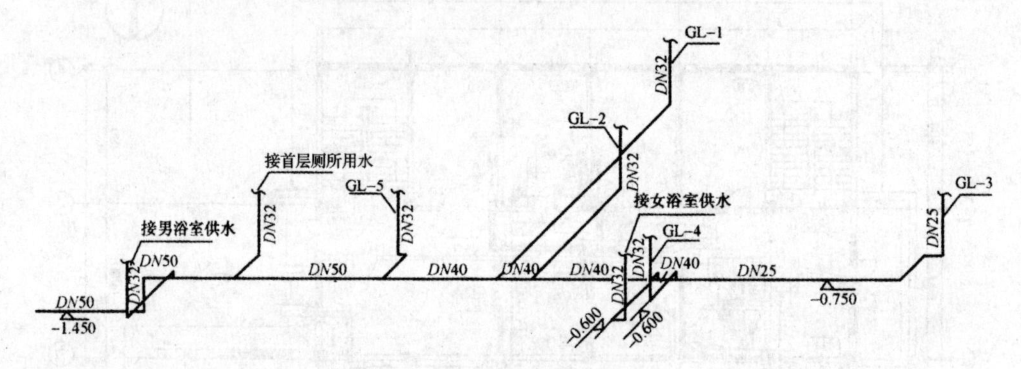

（a）给水供水横干管系统图

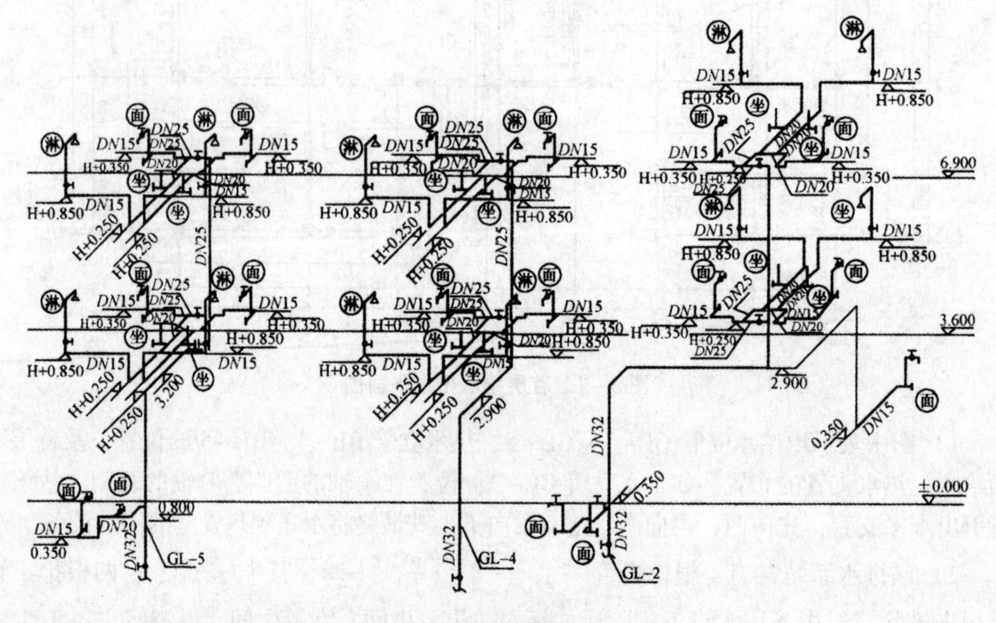

（b）给水立管图

图3-2 给水立管及系统图

1. 给水供水干管系统

1）给水引入管由建筑的西侧（图中左侧）引入，引入管管径为50mm，标高 -1.45m。

2）进入建筑物内后，向上到标高 -0.75m 的位置，再向东敷设。

3）在供水干管上，由西向东（由左向右）接出 8 根管路：

①接出一根 *DN*32 的管道，向上后向前（南侧），再向上，供男浴室用水。

②继续向右，接出一根 *DN*32 的管道，向后（北侧），再向上，供首层厕所用水。

③继续向右，接 *DN*32 的管道，向后，再向左，将水供给立管 GL-5。

④给水干管管径由 50mm 变为 40mm，继续向右，接一根 *DN*32 的管道，向后，供给立管 GL-1。

⑤干管向右，接 *DN*32 的管道，向后，供给立管 GL-2。

⑥管继续向右，接一根 *DN*32 的管道，向上，向前，向右，最后向上，供给女浴室用水。

⑦干管继续向右，接 *DN*32 的管道，向上，向前供给立管 GL-4。

⑧干管管径由 40mm 变为 25mm 后，继续向右，然后向后，向右，供给立管 GL-3。

2. 给水立管 GL-2

1）给水立管 GL-2 由地下室向上，在一层地面以上 0.35m 处，接一根支管。支管向前（北）后，向左分出支管，两根支管均向前，分别接面盆（洗脸盆）的水龙头。

2）立管 GL-2 继续向上，在一层顶部向后，再向右（东），水平敷设，水平管标高为 2.9m，之后继续设置立管。此时，立管 GL-2 的位置发生了变化。

3）立管继续向上将水供给二层、三层的用水设备。在二层地面上 0.25m 处向左接一根支管，将水供给卫生间。设置一阀门后，分为两部分。

4）一根支管继续向左、向上，再向左，向后，接洗脸盆水龙头；另一根支管向后，再向右，又分为两部分。

5）一根支管向后，接坐便器供水管，继续向后，向上，向左，向上接阀门，再向上，向前接淋浴器；另一根支管向右，分为两部分。一部分支管向后，接大便器供水后，继续向后，向上，向右，向上，接阀门，再向上，向前，接淋浴室喷头；另一部分支管向右，向前，再向右，向上接洗脸盆水龙头。

6）立管 GL-2 继续向上接三层给水支管，三层给水支管只与二层支管标高不同，走向与二层完全相同。

实例 3：热水立管及系统图识读

图 3-3 为热水立管及系统图，从图中可以了解以下内容：

1）该建筑中二、三层卫生间的热水是由地下室中的热水供水干管上设一根立管 *DN*50，送到三层屋顶的供水横干管中，由横干管将热水分到 RL-1 ~ RL-5 五根立管中，再通过支管供给各用水设备。

2）热水供水主立管的管径为 *DN*50，接三层供水横干管前，先设一阀门，再接到横干管上。横干管向左，向后，再向右，接 *DN*32 的横管，将热水送入立管 RL-5。

3）横干管继续向右，接 *DN*25 的横管，将热水送入立管 RL-1。横干管管径减小为 *DN*40，再向右，接 *DN*32 的横管，将热水送入立管 RL-2。

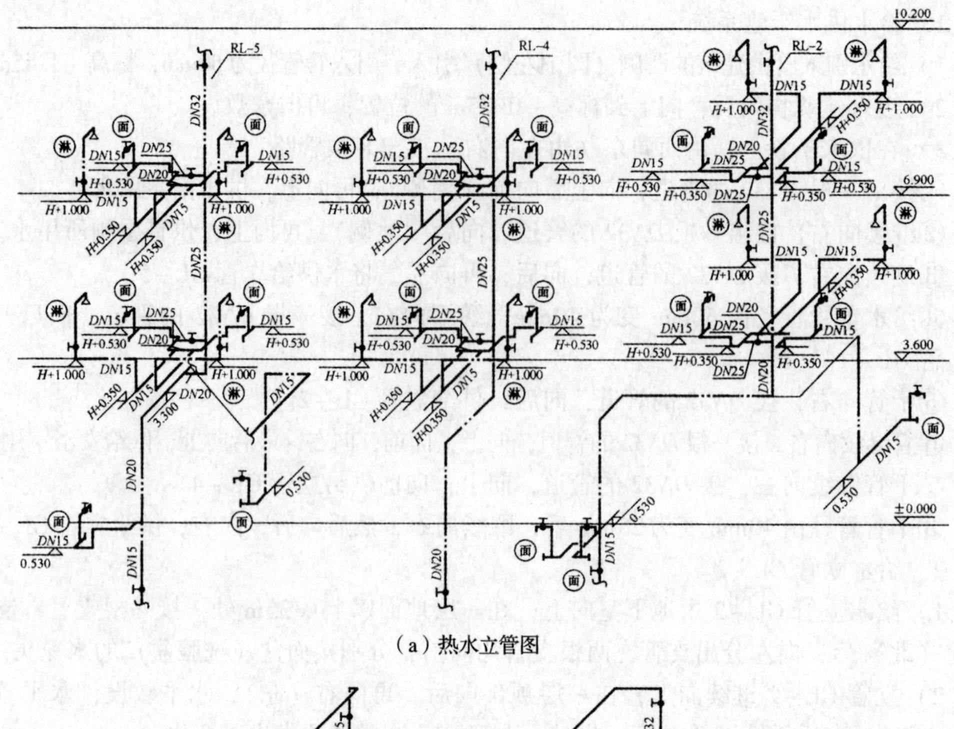

（a）热水立管图

（b）三层热水供水横干管系统图

图 3－3　热水立管及系统图

4）干管继续向右，接 *DN*32 的横管，将热水送入立管 RL－4。

5）横干管管径减小为 *DN*25 一直向右，向前，接到立管 RL－3 上。每根立管均设置了阀门。

6）立管图的识读方法和给水立管图相同。

实例 4：排水立管图识读

图 3－4 为排水立管图，从图中可以了解以下内容：

1）排水立管 PL－1 在二层、三层分别设有排水支管，支管布置相同。

2）三层支管上，从右到左，分别接浴盆、地漏、大便器、三根器具排水管，支管设在三层地面下，距三层地面 0.3m 处，接入排水立管。

3）洗脸盆排水管在距三层地面 0.25m 处直接与立管连接。

4）排水立管上端一直伸出屋面，设置通气帽，距屋顶 600mm。

5）立管下端，在一层接入排水立管 PL－5，一直到一层地面以下，经排出管排出室外。

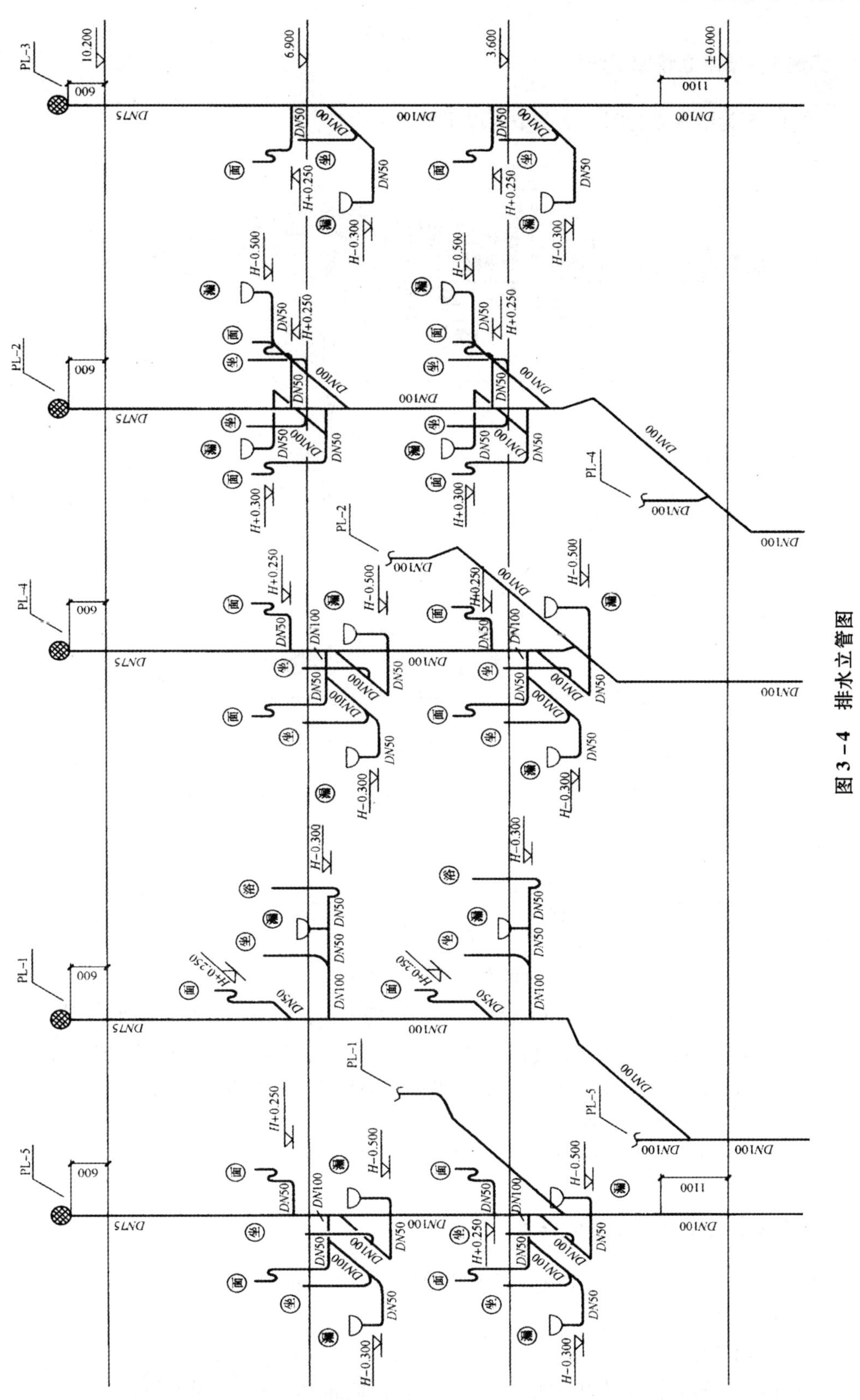
PL-3
PL-2
PL-4
PL-1
PL-5
10.200
6.900
3.600
±0.000
600
1100
DN75
DN100
DN50
H+0.250
H-0.300
H-0.500
H+0.300
面
坐
漏
浴

图 3-4 排水立管图

实例5：给水立管图识读

图3-5为给水立管图，从图中可以了解以下内容：

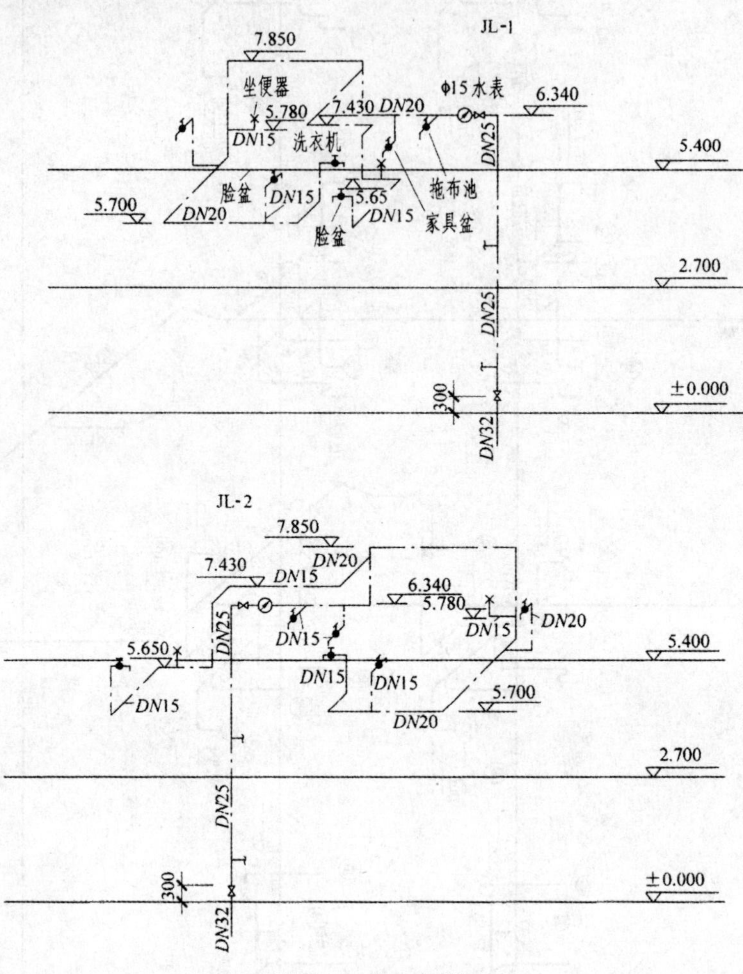

图3-5　给水立管图

1）JL-1的管径有*DN*32和*DN*25两种，立管下端设有截门，距地面300mm。

2）阅读三层各支管和用水设备的系统图（一、二层同三层）：水平支管起始设有截门和ϕ15的水表，沿水流方向经支管分两路供各厨房、卫生间的生活用水。

3）阅读各部位水平支管的标高和管径。

4）读系统图时应与卫生大样图对照阅读。

实例6：排水、煤气立管图识读

图3-6为排水、煤气立管图，从图中可以了解以下内容：

1. 阅读排水立管图

以PL-1为例。

1）排水立管的管径是*DN*100，一、三层在距地面1000mm处设有检查口。

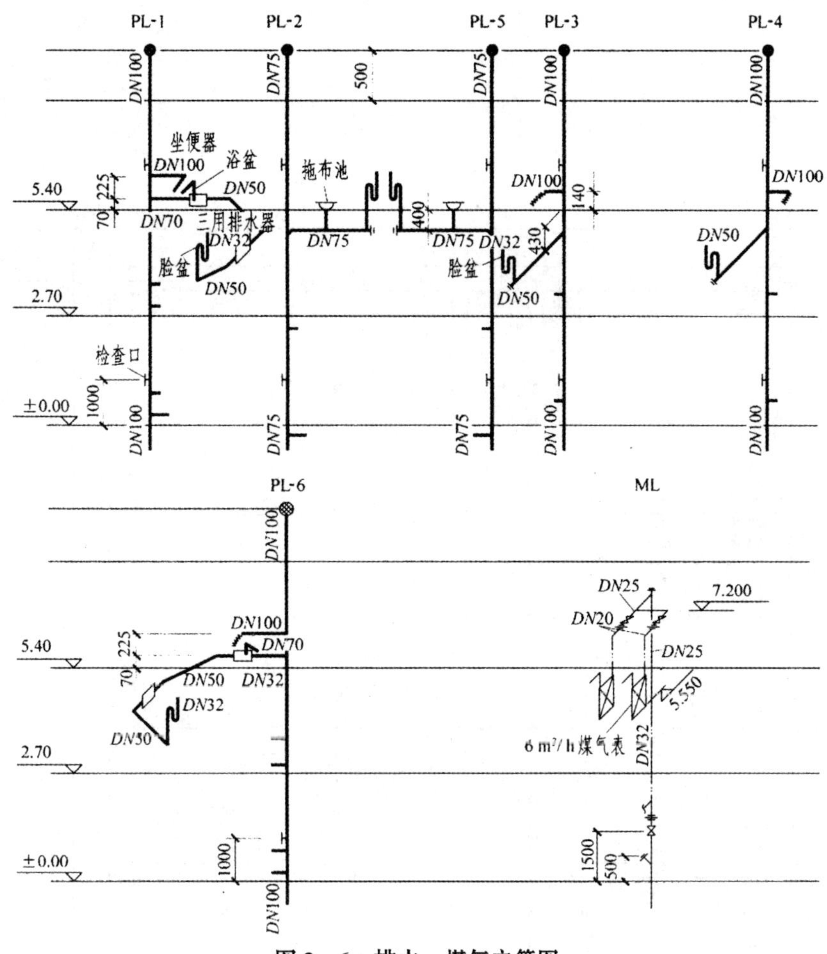

图 3-6 排水、煤气立管图

2）由设备开始阅读，有两路支管经三通流入立管，一路是脸盆和浴盆的污水，水平支管距地面 70mm，管径有 *DN*50 和 *DN*70；另一路是坐便器的污水，水平支管距上路支管是 225mm，管径是 *DN*100。

2. 阅读煤气立管图

1）ML-1 的管径有 *DN*32 和 *DN*25。

2）水平支管的管径是 *DN*25 和 *DN*20，标高是 7.200（三层）。

3）支管下分两路，各路都配有截门、活接头和煤气表（6m^3/h），三层煤气表下皮的标高是 5.550。

实例 7：首层卫生平面图识读（一）

图 3-7 为首层卫生平面图（一），从图中可以了解以下内容：

1）管道的进出口位置都在北面，给水进户位置 $\frac{J}{1}$ 距⑤轴墙里皮 700mm，管径 *DN*40，标高 -1.600m；排水出口 $\frac{W}{1}$ 位置距④轴墙里皮 450mm，管径 *DN*125，标高 -1.400m；煤气进户管有两条 $\frac{M}{1}$ 和 $\frac{M}{2}$，分别标注了位置、管径和标高。

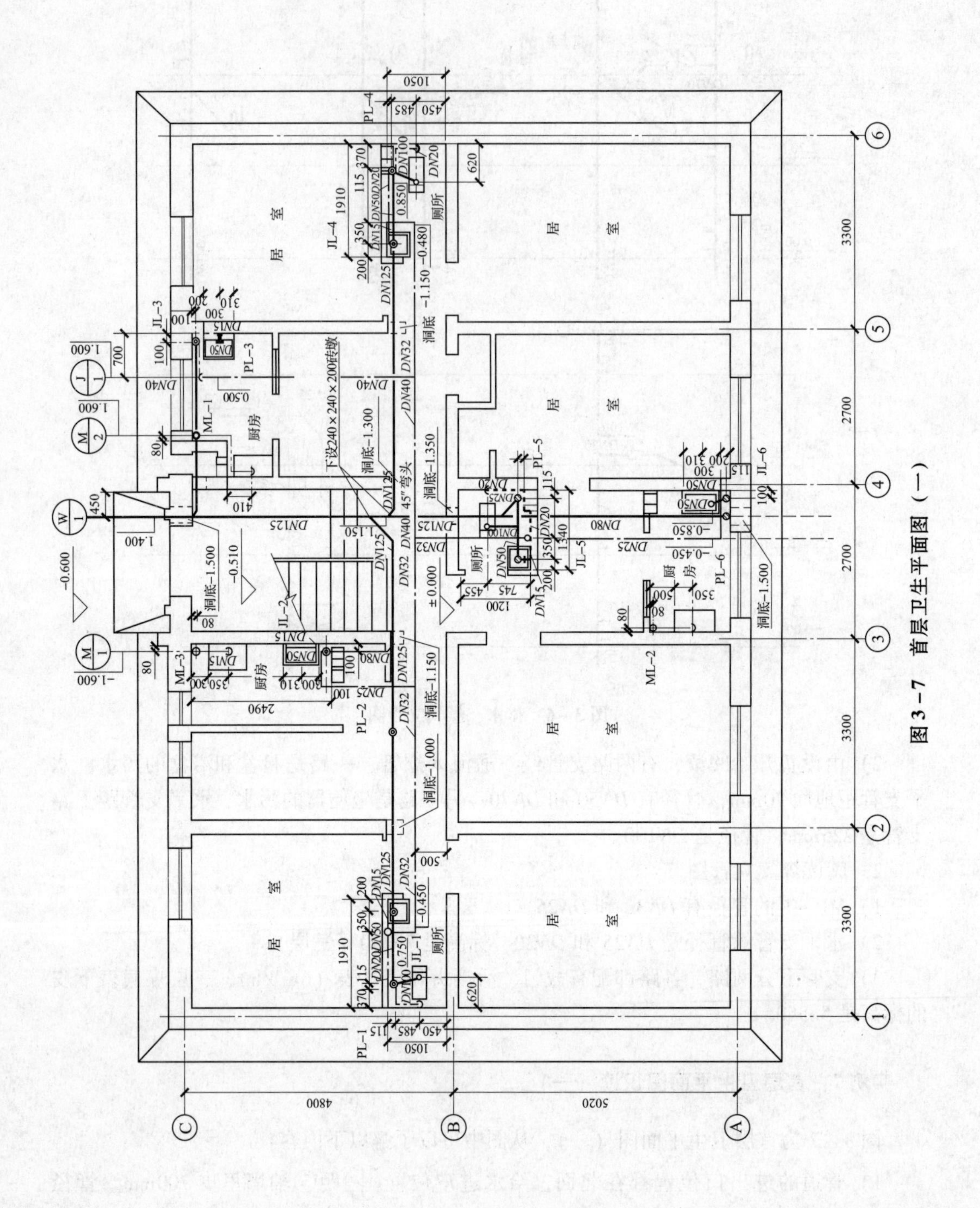

图3-7　首层卫生平面图（一）

2）沿着干管的走向找立管，可以找到给水立管是 JL－1 至 JL－6；排水立管是 WL－1至 WL－6；煤气立管是 ML－1 至 ML－3，干管都分段注明了管径大小。

3）看清厨房和厕所设备的位置及尺寸，立管和支管的关系，如厕所蹲坑距墙面 620mm 等。

4）各管道附件如清扫口等的位置。

实例 8：首层卫生平面图识读（二）

图 3－8 为首层卫生平面图（二），从图中可以了解以下内容：

1）室外干管由北墙面引入室内，管径 $DN50$，标高 －2. 100m。入户后距北墙里皮 400mm 处抬高到 －0. 500m，管线距⑦轴线墙里皮是 300mm。再沿水流方向经支管到立管 JL－1 和 JL－2，立管在平面图上用单线小圆表示。

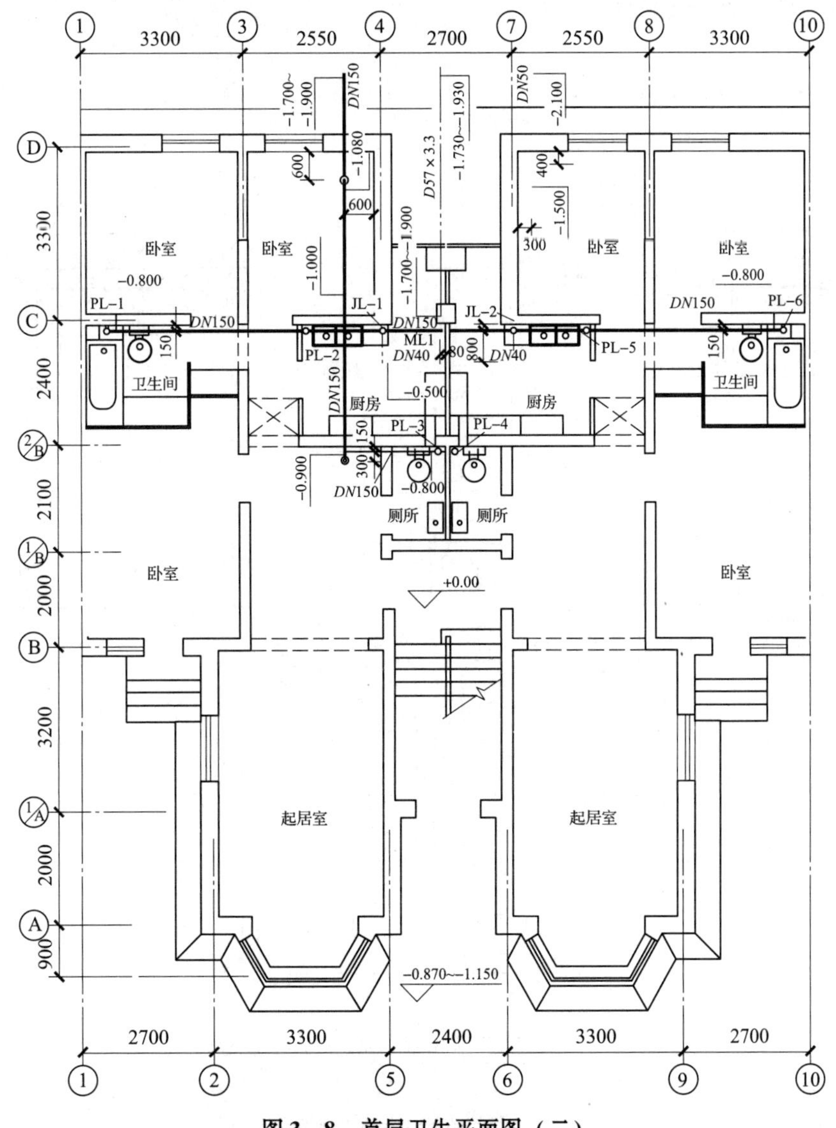

图 3－8 首层卫生平面图（二）

2）立管由双线小圆表示，西面卫生间厨房各楼层的污水经过水平支管排到立管PL－1和PL－2；南面各层厕所的污水是经过水平支管排到立管PL－3和PL－4；东面厨房、卫生间各层的污水经过水平支管排到立管PL－5和PL－6。各立管的污水经过三路水平干管汇集于四通，再由总排出管排到室外。

3）污水干管的管径是*DN*150，引入管距④轴里墙皮600mm，水平干管距Ⓒ轴墙皮150mm。

4）各水平管线端部的标高是－0.800，沿水流方向－0.900、－1.000排出口的标高是－1.700～1.900。

5）煤气管线由北面引入，管径*D*57×3.3（无缝钢管），标高是－1.730～－1.930，入户后接煤气立管ML。

实例9：卫生大样图识读

图3－9为卫生大样图，从图中可以了解以下内容：

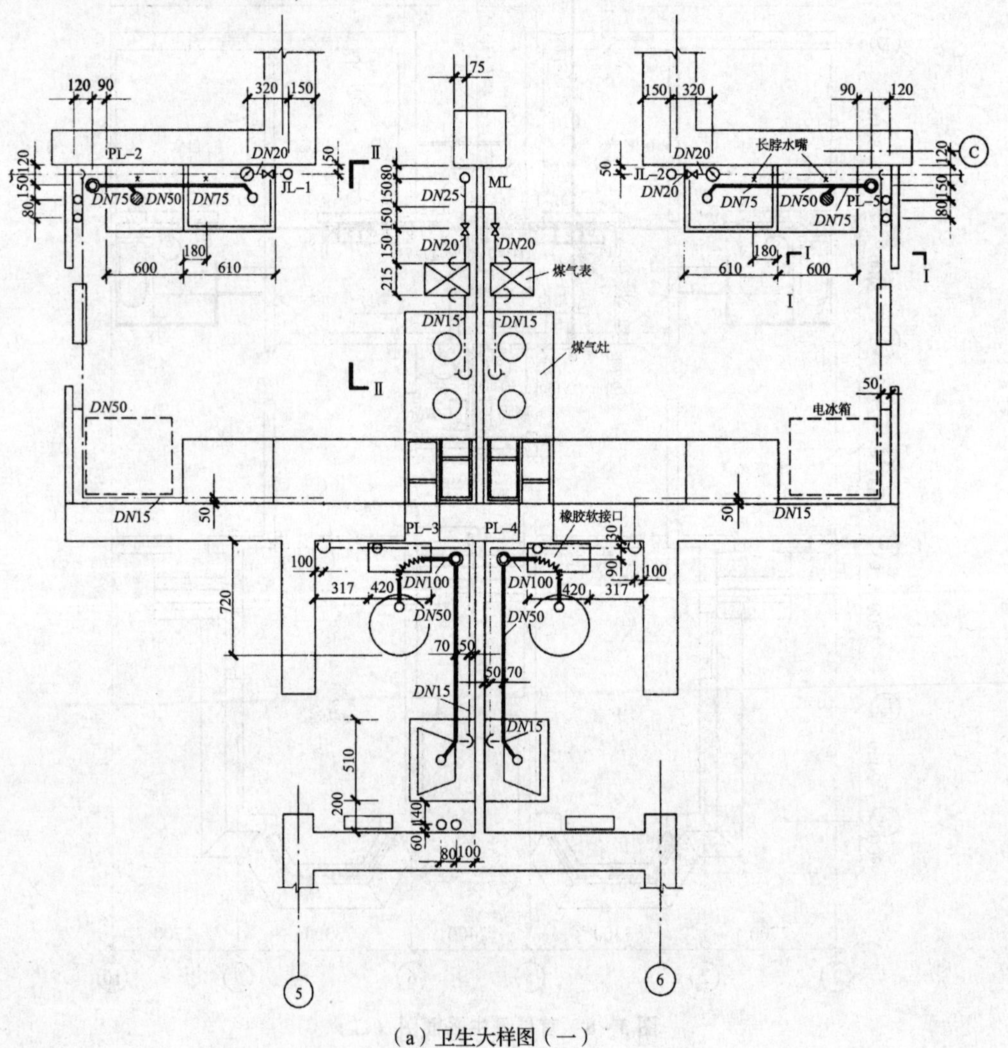

（a）卫生大样图（一）

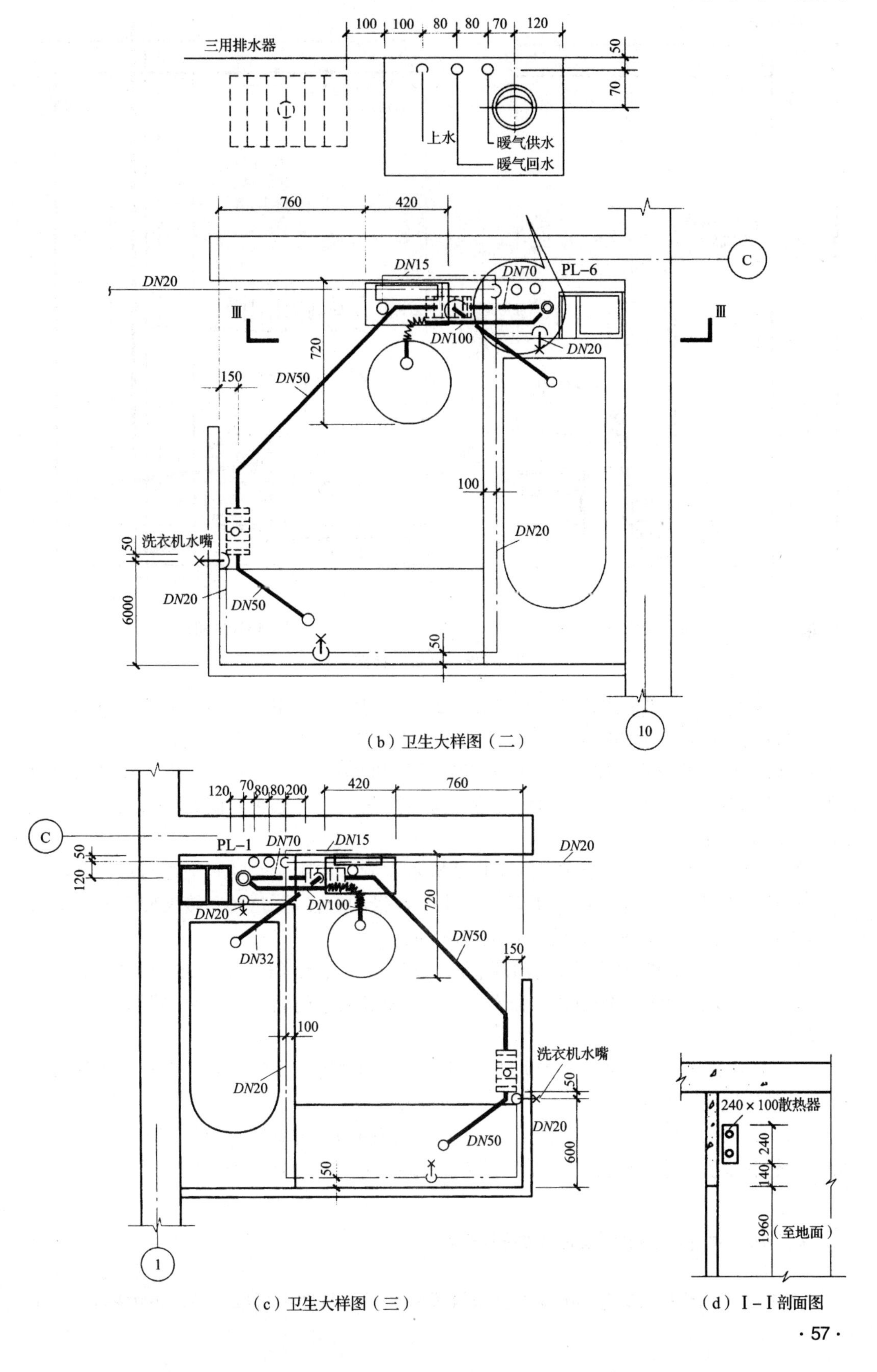

(b) 卫生大样图(二)

(c) 卫生大样图(三)

(d) Ⅰ-Ⅰ剖面图

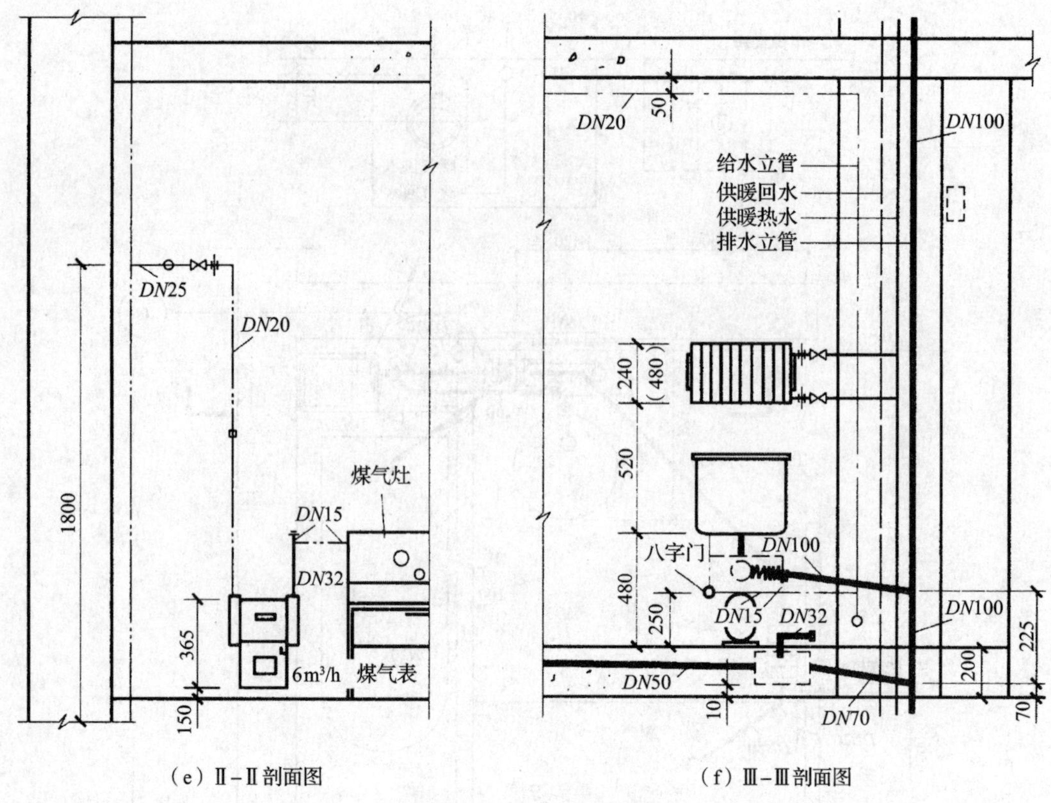

（e）Ⅱ－Ⅱ剖面图　　　　（f）Ⅲ－Ⅲ剖面图

图 3－9　卫生大样图

1）首先在大样图中找到 JL－1 和 JL－2。JL－1 向西。JL－2 向东沿水流方向经过支管到各用水设备，读图时应注意各管段的管径、管中心距、设备的定位尺寸，系统中附件、管线接头的位置。如 JL－1 后面设有截门和水表，管径 *DN*20，拖布池和家具盆的尺寸是 610mm 和 600mm，在墙角处抬头向西接图（c），低头向南到厕所的设备坐便器和洗脸盆的用水。

2）由用水设备开始，沿排水方向找到排水立管，如厕所脸盆和坐便器的污水经水平支管排到立管 PL－3 和 PL－4 接洗脸盆水平支管的管径是 *DN*50，接大便器支管的管径是 *DN*100，给水、排水两管的中心距是 70mm。

3）由煤气立管 ML 经水平支管向两个厨房送气到煤气灶，管径有 *DN*25、*DN*20、*DN*15。

4）Ⅰ－Ⅰ剖面图：剖切位置见图（a），主要是表达门洞口上方散热器的安装方法和尺寸。

5）Ⅱ－Ⅱ剖面图：剖切位置见图（a），表达的内容有煤气立管、支管、煤气表和煤气灶的连接关系和尺寸。

6）Ⅲ－Ⅲ剖面图：剖切位置见图（b），剖面图的内容有给水立管、排水立管、采暖供水管和采暖回水管的排列位置，暖气的安装尺寸，坐便器的安装尺寸等。

实例 10：某中学办公楼管道平面图识读

图 3－10～图 3－13 为某中学办公楼管道平面图，从图中可以了解以下内容：

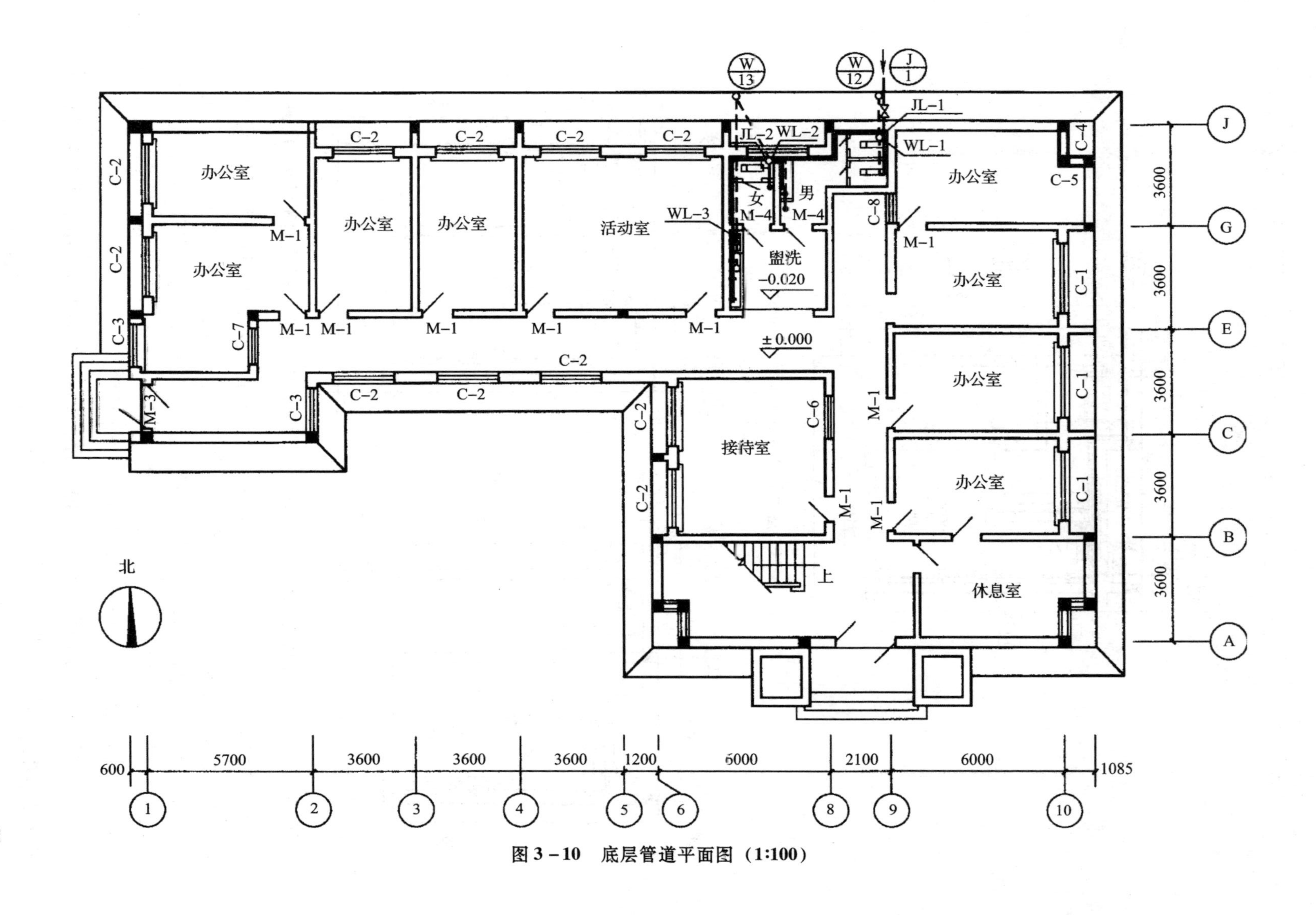

图3-10 底层管道平面图（1:100）

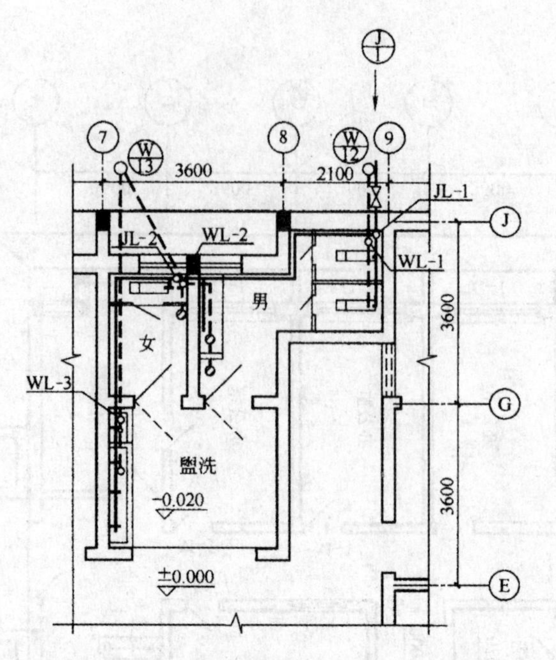

图3－11　底层管道局部平面图（1:100）

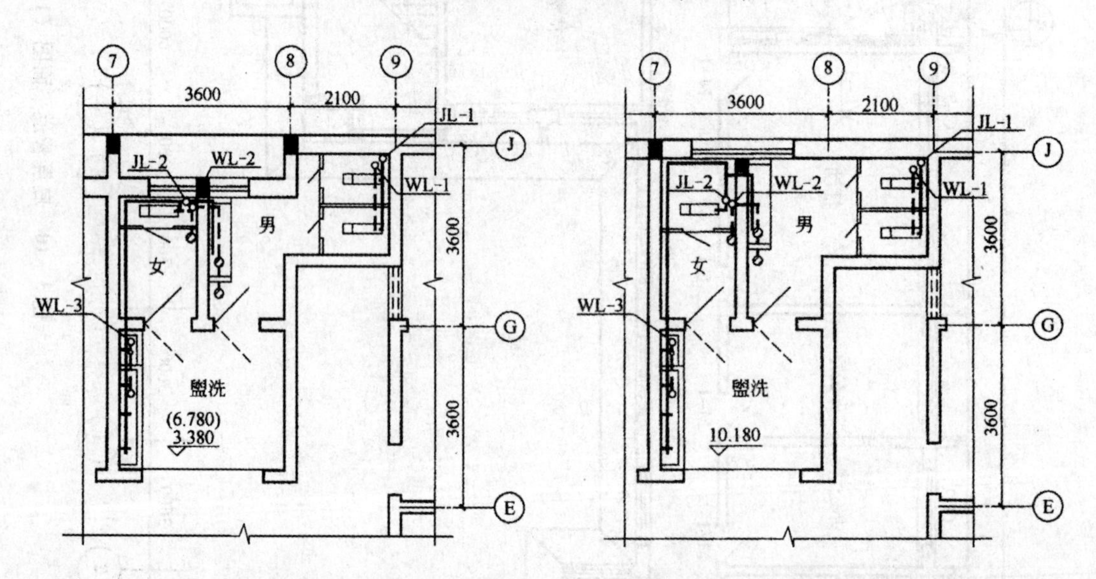

图3－12　二（三）层管道平面图（1:100）　　图3－13　顶层管道平面图（1:100）

1）从图中可以看出，该办公楼共有四层，要了解各层给水排水平面图中，哪些房间布置有配水器具和卫生设备，以及这些房间的卫生设备又是怎样布置的。从管道平面图中可以看出，该建筑为南、北朝向的四层建筑，用水设备集中在每层的盥洗室和男、女厕所内。在盥洗室内有三个放水龙头的盥洗槽和一个污水池，在女厕所内有一个蹲式大便器，在男厕所内有两个蹲式大便器和一个小便槽。

2）根据底层管道平面图（图3－10）的系统索引符号可知：给水管道系统有$\frac{J}{1}$，污水管道系统有$\frac{W}{12}$、$\frac{W}{13}$。

给水管道系统$\frac{J}{1}$的引入管穿墙后进入室内，在男、女厕所内各有一根立管，并对立管进行编号，如 JL－1 从管道平面图中可以看出立管的位置，并能看出每根立管上承接的配水器具和卫生设备。如 JL－2 供应盥洗间内的盥洗槽及污水池共四个水龙头的用水，以及女厕所内的蹲式大便器和男厕所内小便槽的冲洗用水。

污水管道系统$\frac{W}{12}$承接男厕所内两个蹲便器的污水，$\frac{W}{13}$承接男厕所内小便槽和地漏的污水、女厕所内蹲式大便器和地漏的污水以及盥洗室内盥洗槽和污水池的污水。

3）从各楼层、地面的标高可以看出各层高度。厕所、厨房的地面一般比室内主要地面的标高低一些，这主要是为了防止污水外溢。如底层室内地面标高为 ±0.000m，盥洗间为 －0.020m。

实例 11：某商住楼底层给水排水平面图识读

图 3－14 为某商住楼底层给水排水平面图，从图中可以了解以下内容：

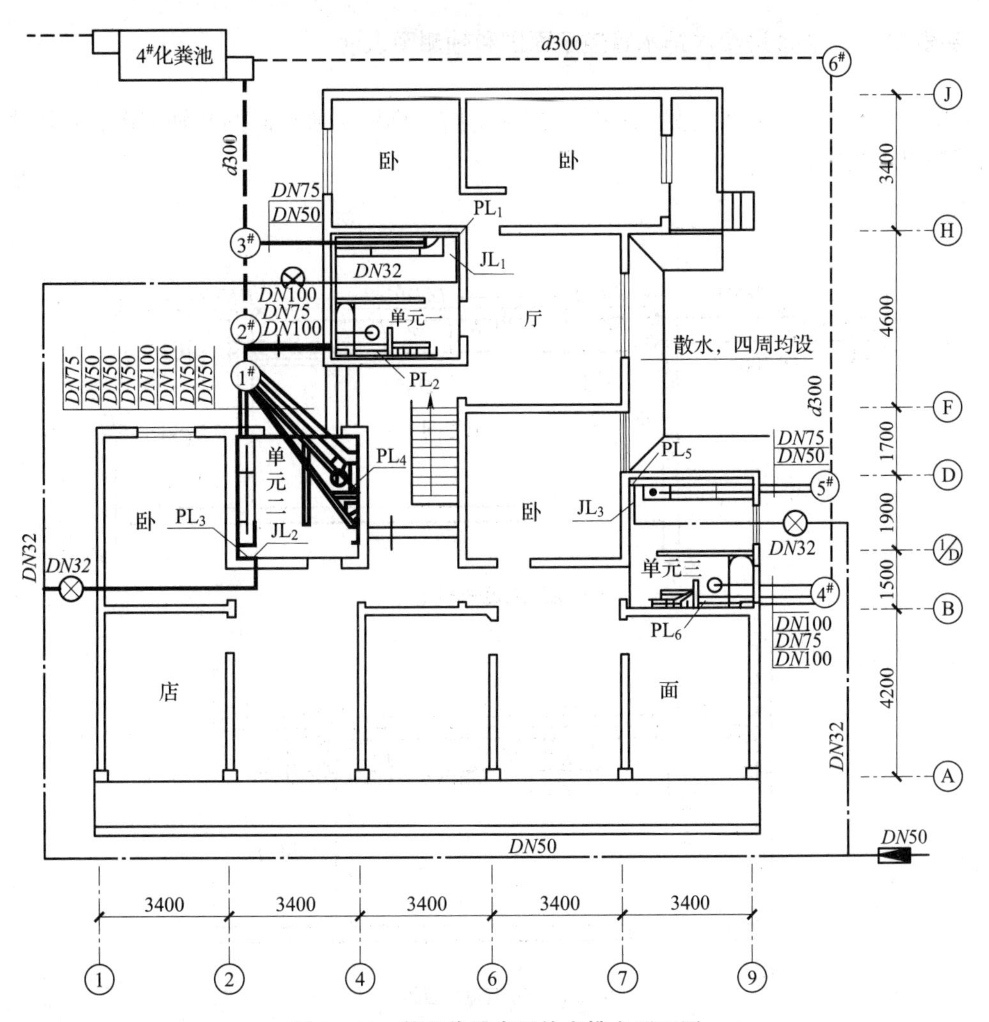

图 3－14 某商住楼底层给水排水平面图

1）图的右下方为给水引入处，箭头表示水流方向，*DN*50表示给水引入管管径。给水引入管共分为三支，分别给三个单元的给水立管JL_1、JL_2、JL_3供水，管径*DN*32。

2）室内用水设备的设置，每个单元厨房内设有洗涤池一个，卫生间内设有浴缸、坐便器、洗面盆各一个，地漏两个。

3）由给水立管接出水平支管，设有截止阀一个、水表一个、接出水龙头一个，给厨房洗涤池供水，再接出水龙头，给卫生间内的浴缸、坐便器、洗面盆、洗衣机龙头供水。

4）每个单元均设有两道排水立管（用PL表示），单元一厨房中的排水立管PL，污水用*DN*75管道、洗涤池污水用*DN*50管道排至室外3#窨井。坐便器和排水立管PL_2均用*DN*100管道将污水排至2#窨井。卫生间内的两个地漏、洗面盆、浴缸共用一根*DN*75管道将污水排至2#窨井。单元二的各卫生器具无法单独设排出管，只能设多根排出管至1#窨井。单元三的排水管道布置与单元一相似，污水分别排至4#和5#窨井。从图中可以看出，排水立管PL_1～PL_6排出的是楼上排出的污水，底层的污水是单独排出的，这主要是为了防止管道堵塞时，污水从底层卫生器具排出。

实例12：三层楼房给水排水管道平面图和轴测图识读

图3－15和图3－16分别为一幢三层楼房给水排水管道平面图和轴测图，从图中可以了解以下内容：

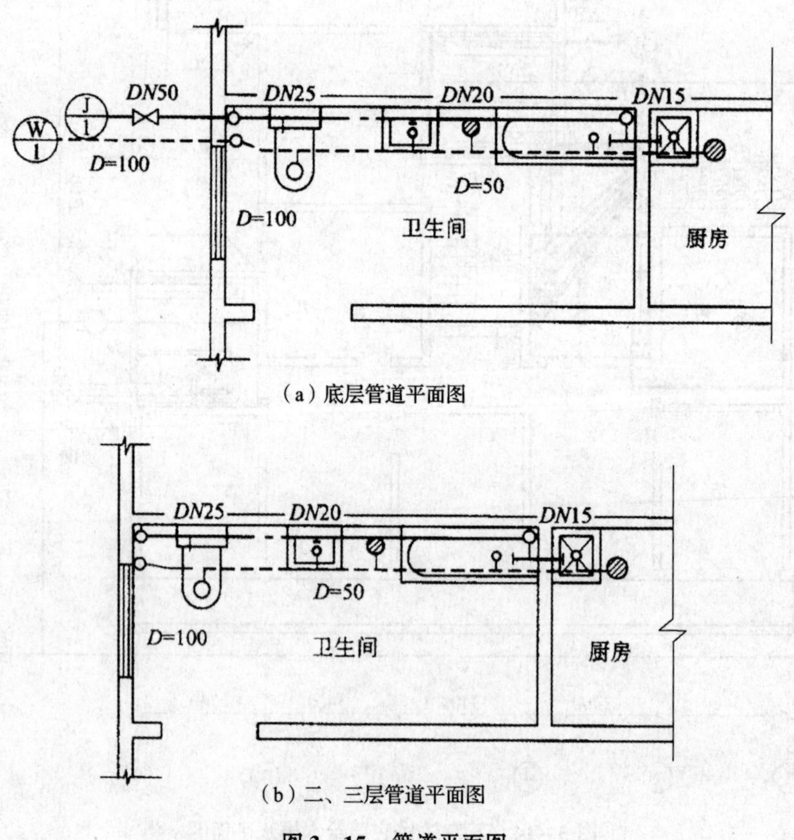

（a）底层管道平面图

（b）二、三层管道平面图

图3－15　管道平面图

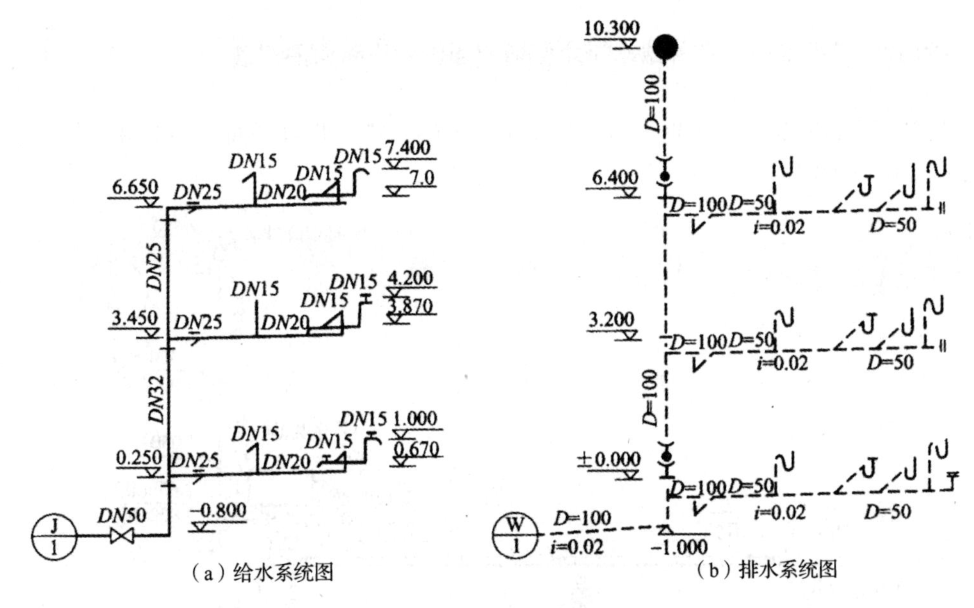

（a）给水系统图　（b）排水系统图

图 3-16　管道轴测图

1）从平面图上可以看出各层卫生间内安装有低水箱坐式大便器、洗脸盆、浴盆各一套，为了排除卫生间的地面污水和方便冲洗地面还安装了一个地漏，厨房内安装了一个洗涤盆和一个地漏。

2）给水系统编号 J1。引入管直径 50mm，在室外设有闸门，埋深为 0.800m，进入室内沿墙角设置立管。立管直径在底层分支前为 50mm，底层与二层分支前为 32mm，二层至三层为 25mm。每层设一分支管，分别向大便器水箱、洗脸盆和洗涤盆供水。底层分支管标高为 0.250m，从立管至洗脸一段管径为 25mm，洗脸盆至浴盆一段管径变为 20mm。分支管沿内墙敷设（图 3-15），在卫生间内墙墙角登高至标高 0.670m 转弯水平敷设，再分支；一路穿墙进入厨房，登高至标高 1.000m 接洗涤盆龙头，管径为 15mm；另一路接浴盆龙头，管径为 15mm。二楼和三楼分支管上的接管管径距地面的距离与底层完全相同，如图 3-16（a）所示。

3）排水系统编号 W1，每层设一根排水横管，横管上连接有洗涤盆、浴盆、地漏、洗脸盆和大便器等器具的排水管。横管末端装设清扫口，底层清扫口从地下弯到地板上，二楼和三楼清扫口设在二楼和三楼天花板下面。自洗涤盆至大便器的排水横管管径为 50mm，大便器至立管段管径为 100mm，排水立管、通气管和排出管的管径均为 100mm。排出管穿外墙标高为 -1.000m，横管坡度均为 0.02，如图 3-16（b）所示。

4）给水排水管道平面图和轴测图对管路的布置和走向都表示得很清楚，但管路与卫生器具的连接则未作表达，还需另外查阅详图，如大便器与排水管道的连接可按详图进行，从图上可以看出大便器水箱进水管管径为 15mm，三通中心距大便器中心偏左 165mm，三通水平安装并连接角型截止阀，角型截止阀与水箱之间用 15mm 铜管镶接，大便器的器具排水管在横管上三通水平设置与铸铁弯头相连接，弯头中心距光墙面为 420mm，弯头上再装一段铸铁排水管至地面取平。

5）给水管管材选用镀锌钢管，排水管管材选用铸铁排水管。

实例 13：新建实验室室外给水排水管道平面图和纵断面图识读

图 3－17 和图 3－18 分别为新建实验室室外给水排水管道平面图和纵断面图，从图中可以了解以下内容：

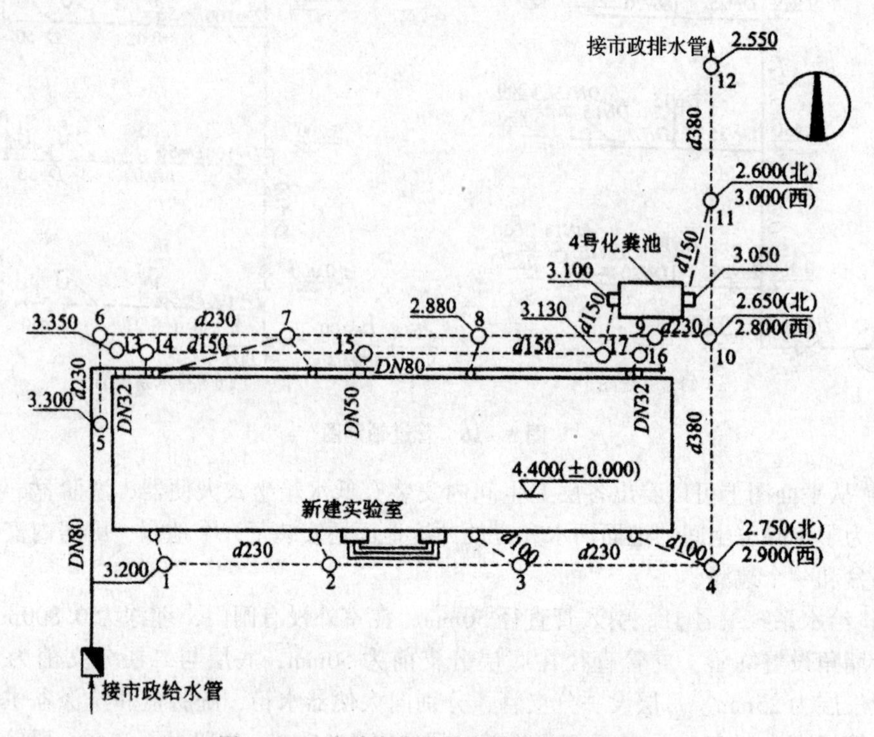

图 3－17　实验室室外给水排水管道平面图

高程（m）（标尺 4.00 / 3.00 / 2.00）		d=230 2.90		d=230 2.80		d=150 3.00	
设计地面标高（m）	4.10		4.10		4.10		4.10
管底标高（m）	2.75		2.65		2.60		2.55
管道埋深（m）	1.35		1.45		1.50		1.55
管径（mm）		d=380		d=380		d=380	
坡度				0.002			
距离（mm）		18		12		12	
检查井编号	4		10		11		12
平面图							

图 3－18　实验室室外给水排水管道纵断面图

1）室外给水管道布置在实验室的北面，距外墙约 2m（用比例尺量），平行于外墙埋地敷设，管径为 *DN*80，由三处进入室内，其管径分别为 *DN*32、*DN*50、*DN*32。室外给水管道在实验室西北角转弯向南，接水表后与市政自来水管道连接。

2）室外排水管道有生活污水系统和雨水系统两个，生活污水系统经化粪池后与雨水管道汇总排至市政排水管道。

3）生活污水管道由实验室三处排出，排水管管径、埋深另见室内排水管道施工图。生活污水管道平行于实验室北外墙敷设，管径为 150mm，管路上设有五个检查井（编号为 13、14、15、16、17 号），实验室生活污水汇集到 17 号检查井后，排入 4 号化粪池，化粪池的出水管接到 11 号检查井，与雨水管汇合。

4）室外雨水管收集实验室屋面雨水，实验室南面设四根雨水立管、四个检查井（编号 1、2、3、4），北面设有四根立管、四个检查井（编号 6、7、8、9），实验室西北设一个检查井（编号 5）。南北两条雨水管管径均为 230mm，雨水总管自 4 号检查井到 11 号检查井管径为 380mm，污水雨水汇合后管径仍为 380mm，雨水管起点检查井的管底标高分别为：1 号检查井为 3.200m，5 号检查井为 3.300m，总管出口 12 号检查井管底标高为 2.550m，其余各检查井管底标高可查看平面图或纵断面图。

实例 14：某单位浴室热水供应设备平面图识读

图 3－19 为某单位浴室热水供应设备平面图，从图中可以了解以下内容：

1）右边进来有给水管 *DN*70、蒸汽管 *DN*70，凝结水管 *DN*50，给水管以点划线“—·—”线型表示，蒸汽管以“—Z—”线型表示，蒸汽凝结水管以“—N—”表示。

2）给水管从右到左进入男浴室、女浴室和 6 号容积式换热器，从容积式换热器上封头的下面进入。

3）蒸汽管进入容积式换热器下封头的进口处，且在其进口处下安装有疏水阀产生的凝结水管返回给水管、蒸汽管的进户管外，另外蒸汽管进入男浴室的两浴池内。

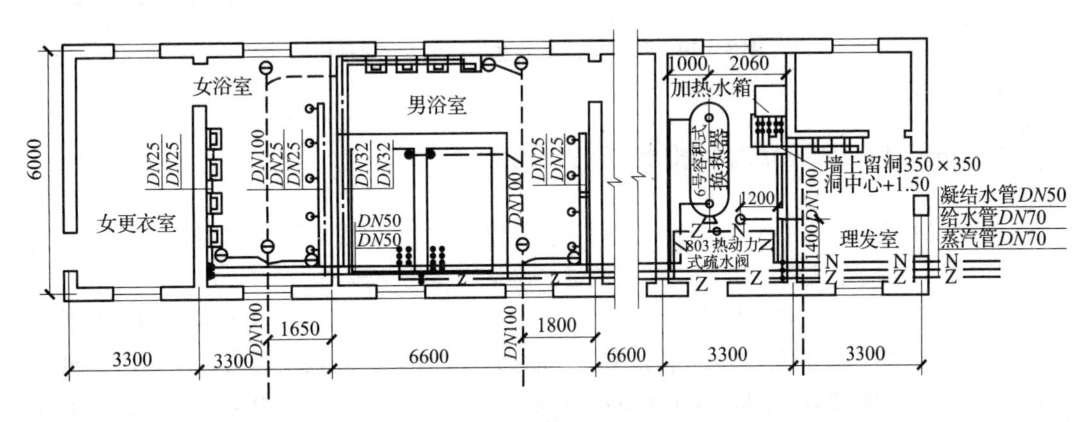

图 3－19　某单位浴室热水供应设备平面图

4）经换热器产生的热水以“—··—”线型进入男女浴室的淋浴喷头以及女浴室洗脸盆处，男女浴室用水设备均有冷热水的水温调节。

5）在换热器房间内有加热水箱，给水管和蒸汽管进入加热水箱直接加热，热水箱内、热理发室内两个洗脸盆用热水，同时这两个洗脸盆也有冷水管供热水水温调节。

6）女浴室有五个淋浴喷头和四个洗脸盆，男浴室有四个淋浴喷头和两个浴池，理发室内有两个洗脸盆。

实例15：某单位浴室热水供应设备轴测图识读

图3－20为某单位浴室热水供应设备轴测图，从图中可以了解以下内容：

1）地面标高为±0.000。蒸汽管、给水管、凝结水管架空敷设，标高为2.800m，属于上行下给式。

2）进入男、女浴室冷水管、热水管与洗脸盆、淋浴器的连接采用下行上给式，并可看到干管、支管的管径。

3）理发室加热水箱箱底标高为2.500m，溢水管管口离地面标高为0.200m。

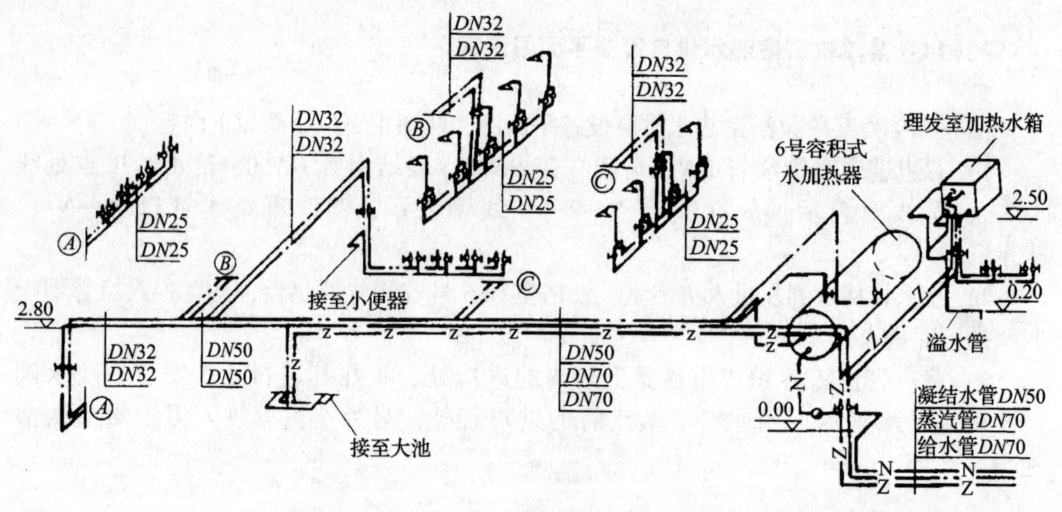

图3－20　某单位浴室热水供应设备轴测图

实例16：某别墅的一层给水排水平面图识读

图3－21为某别墅的一层给水排水平面图，从图中可以了解以下内容：

1）卫生间内布置有浴缸、坐式大便器及洗面盆等卫生器具。

2）两户的给水分别经室外给水干管接入入户水表井后，再由管径为*DN*40的引入管分别从图形的下方顺着①轴线墙和⑨轴线墙的外侧向上至Ⓔ轴线墙交界处转向，再顺着Ⓔ轴线墙外侧在③轴线墙和⑦轴线墙交界处进入厨房及卫生间，再通过立管JL－1和JL－01送入二层的卫生间。

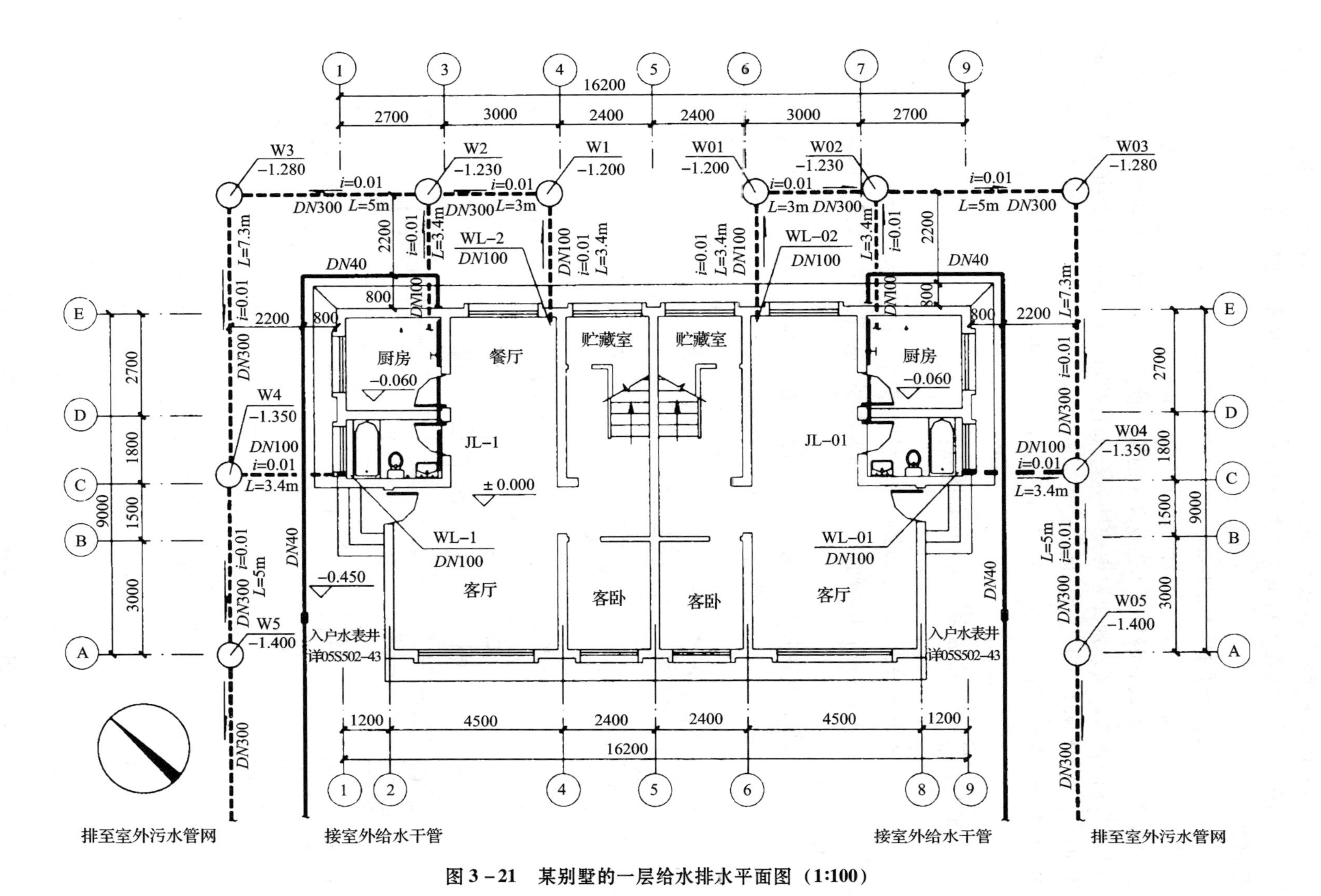

图 3-21　某别墅的一层给水排水平面图（1:100）

3）各户的排水则是分别从各户的餐厅、厨房及卫生间的3根内径为100mm，坡度为1%的室内排水管排出室外到距外墙3000mm的室外排水管内，最后排至室外污水管网。

4）室外排水管的内径为300mm，排水坡度为1%。室外排水管每接入一条室内排水管处均设有一排水检查井，其编号分别为W1、W2和W4；在室外排水管的转角及与Ⓐ轴线相交处也各设有编号为W3及W5的排水检查井，排水检查井W1、W2、W3、W4和W5的井底标高分别比室内地坪标高低1.200m、1.230m、1.280m、1.350m和1.400m；排水检查井W1与W2间的距离为3000mm、W2与W3间的距离为5000mm、W3与W4间的距离为7300mm、W4与W5间的距离为5000mm。

实例17：某别墅的二层给水排水平面图识读

图3－22为某别墅的二层给水排水平面图，从图中可以了解以下内容：

1）二层各户都有两个卫生间。每个卫生间内部都布置有浴缸、坐式大便器及洗面盆等卫生器具。

2）二层的给水都是由各户一层卫生间的立管JL－1和JL－01送入二层的主卧室中的卫生间，再由主卫的水平支管送至客卫。

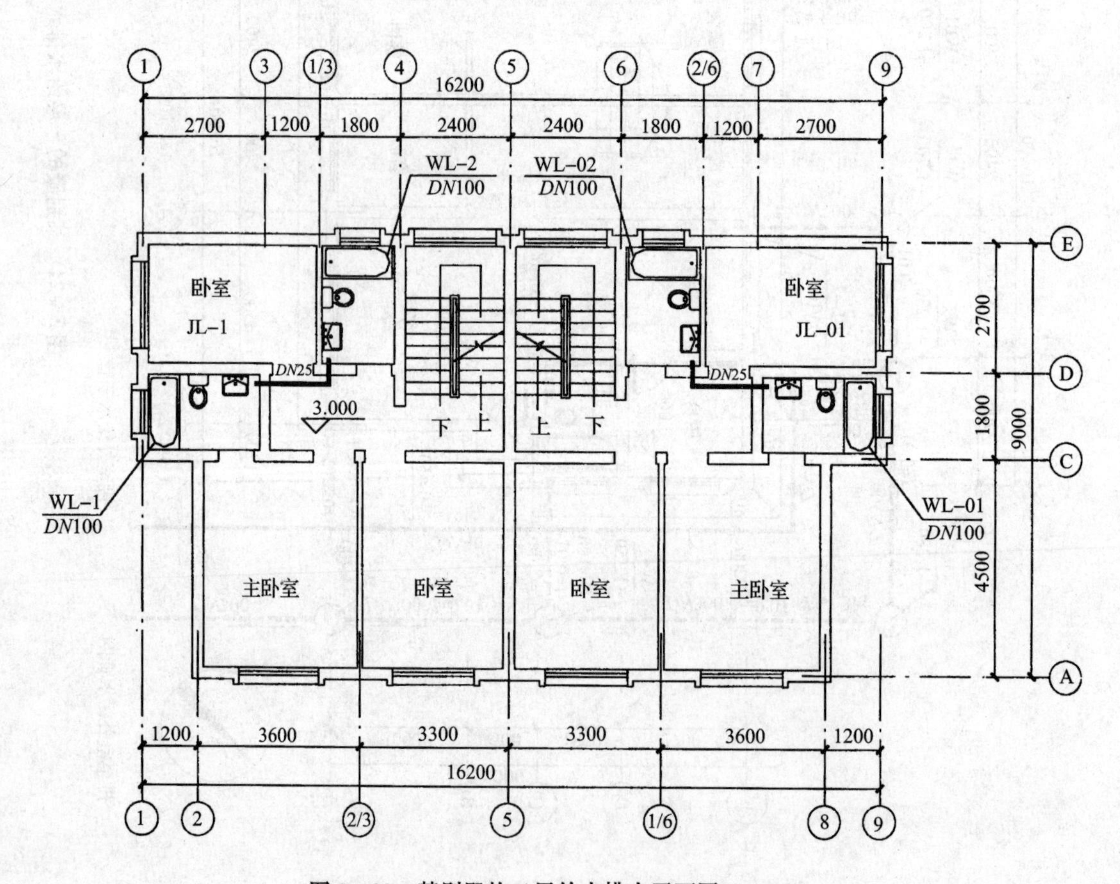

图3－22　某别墅的二层给水排水平面图（1:100）

3）各户的排水则是分别从各户的主卫中内径为 100mm 的排水立管 WL－1 和 WL－01及客卫中内径为 100mm 的排水立管 WL－2 和 WL－02 排至一层的卫生间及餐厅地面以下，再由坡度为 1% 的室内排水管排出室外到距外墙 3000mm 的室外排水管内，最后排至室外污水管网。

实例 18：某住宅二层建筑给水管道平面图识读

图 3－23 为某住宅二层建筑给水管道平面图，从图中可以了解以下内容：

1）建筑内设有两个卫生间，卫生间各设一个坐式大便器、一个洗脸盆。

2）在轴线②和轴线③间有给水立管 JL－2 通过。

3）室内地面标高为 2. 400m，卫生间地面标高为 2. 350m。

4）二层平面设有五根立管，编号分别为 JL－1、JL－1a、JL－2、JL－2a、JL－3。

5）在轴线②位置设置的 JL－1、JL－1a 两根立管在二层并没有接入用水器具。

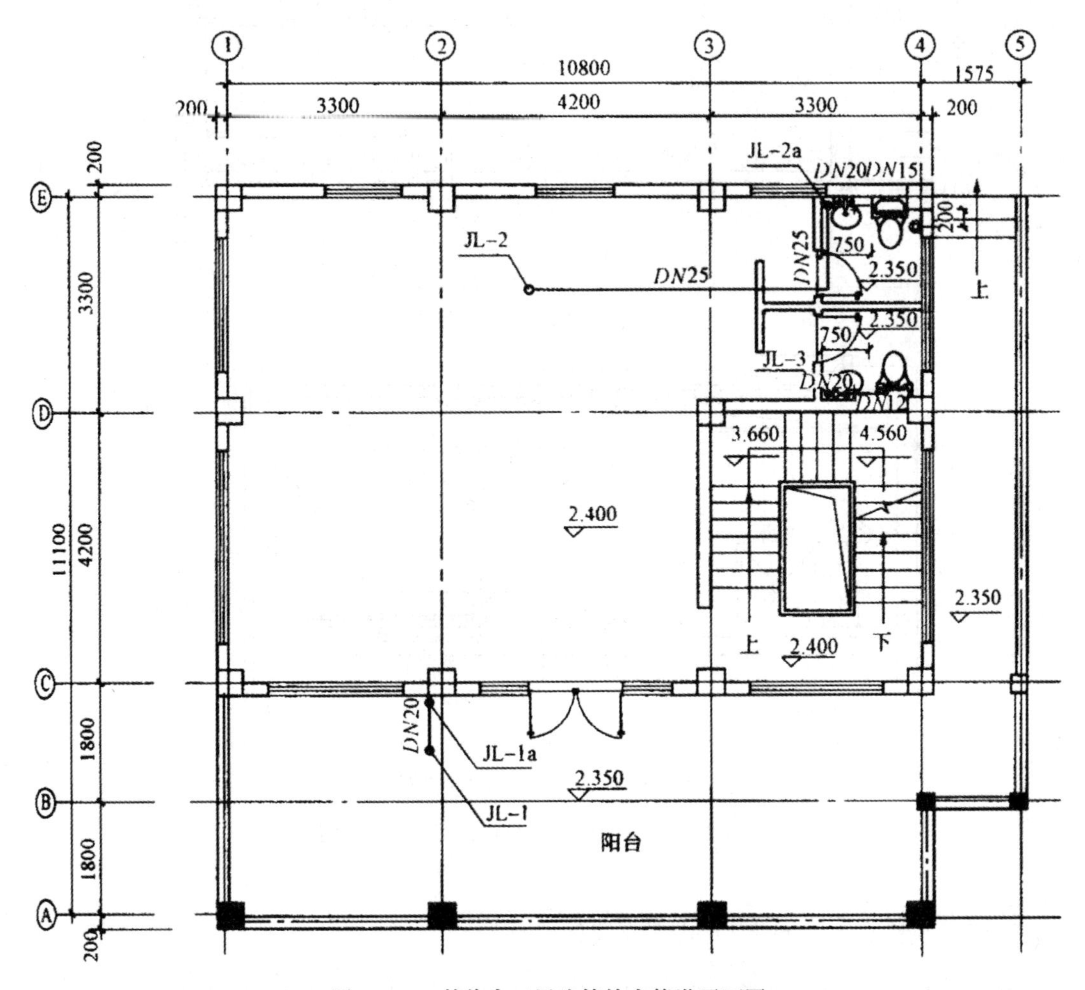

图 3－23　某住宅二层建筑给水管道平面图

实例19：某宿舍的室内给水管网平面布置图识读

图3－24为某宿舍的室内给水管网平面布置图，从图中可以了解以下内容：

1）从图（a）中可以看出，给水引入管通过室外阀门井后引入楼内，形成地下水平干管，由墙角处三根立管上来，由水平支管沿两侧墙面纵向延伸，分别经过四个蹲式大便器和盥洗槽。

2）另一侧水平支管分别经过一个小便槽和拖布盆以及两个淋浴间，然后由立管处再向上面各层供水。

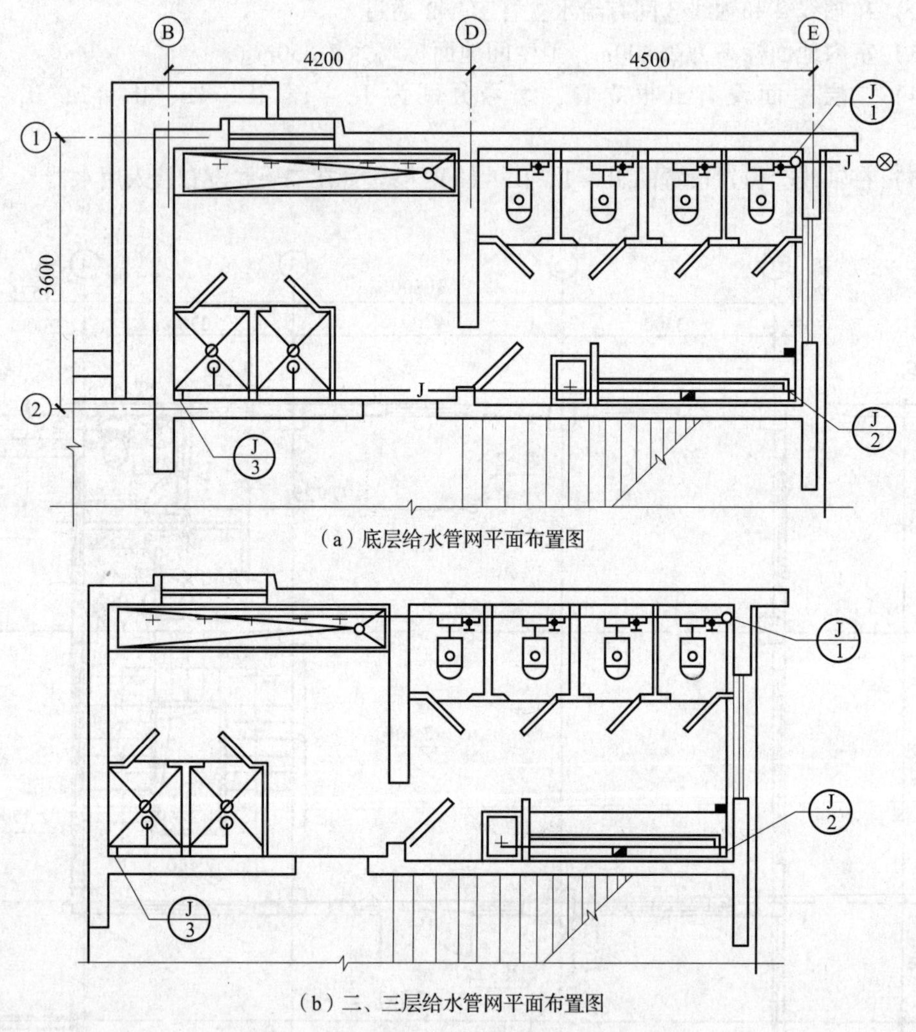

（a）底层给水管网平面布置图

（b）二、三层给水管网平面布置图

图3－24　某宿舍的室内给水管网平面布置图

实例20：某宿舍的室内排水管网平面布置图识读

图3－25为某宿舍的室内排水管网平面布置图，从图中可以了解以下内容：

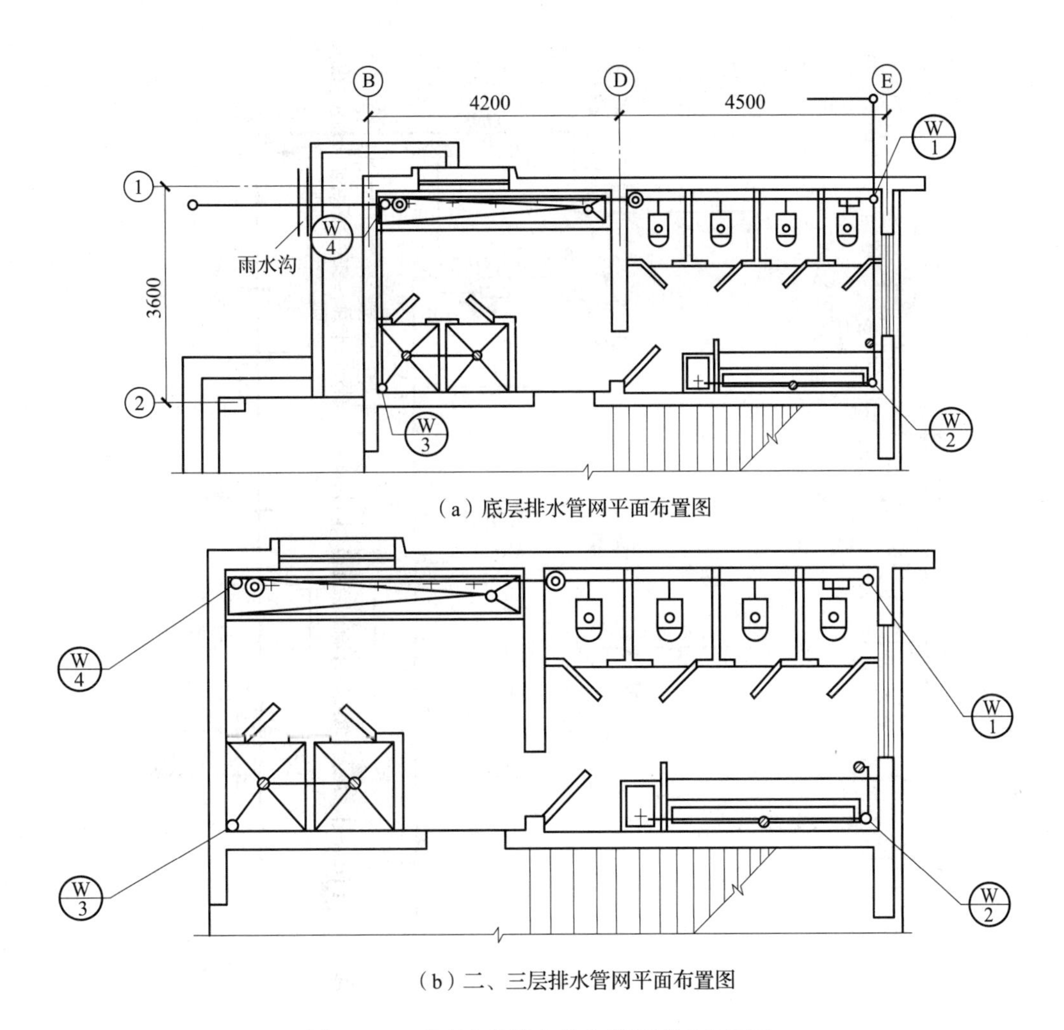

（a）底层排水管网平面布置图

（b）二、三层排水管网平面布置图

图 3－25　某宿舍的室内排水管网平面布置图

1）为了靠近室外排水管道，将排水管布置在西北角，与给水引入管呈 90°，并将粪便排出管与淋浴、盥洗排出管分开，把后者的排出管布置在房屋的前墙面（南面），直接排到室外排水管道。

2）图中还给出了污水排出装置，如拖布池、大便器、小便槽、盥洗池、淋浴间和地漏。

实例 21：某宿舍的室内给水管网轴测图识读

图 3－26 为某宿舍的室内给水管网轴测图，从图中可以了解以下内容：

从引入管开始读图，各管的尺寸和用水设备的位置一目了然。如引入管标高为 －1. 000m，第一根立管直径为 50mm，水平干管的标高为 －0. 300m，最上层高位水箱水平联管的标高为 8. 800m 等。

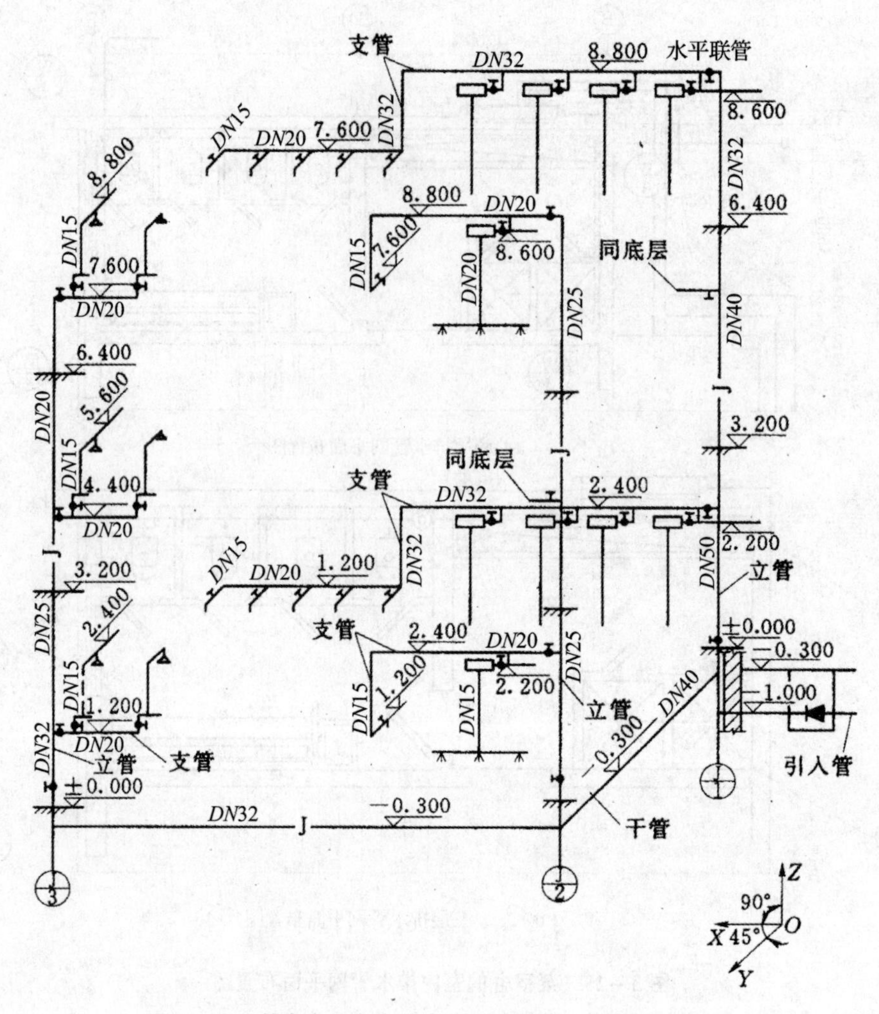

图3-26　某宿舍的室内给水管网轴测图（高程单位：m）

实例22：某学校室外给水排水管道总平面图识读

图3-27为某学校室外给水排水管道总平面图，从图中可以了解以下内容：

1）该办公楼的给水管道从南面的原有引入管引入，管中心距教学楼南墙1.00m，管径为DN100，其上先接一水表井，井内装有总水表及总控制阀门，该管在距教学楼东墙3.50m处转弯，管径仍为DN100，延伸至该办公楼北墙2.50m处转弯，管径为DN50，其上接一根支管DN50至该办公楼。

2）该办公楼的污水管道分别接入污水检查井W-12和W-13，两检查井用DN150的管道连接，经管道DN150向西，后变径为DN300向南向西与市政管网相接。从图中可以看出，排水管从上游向下游越来越低，以利于污水的排出。

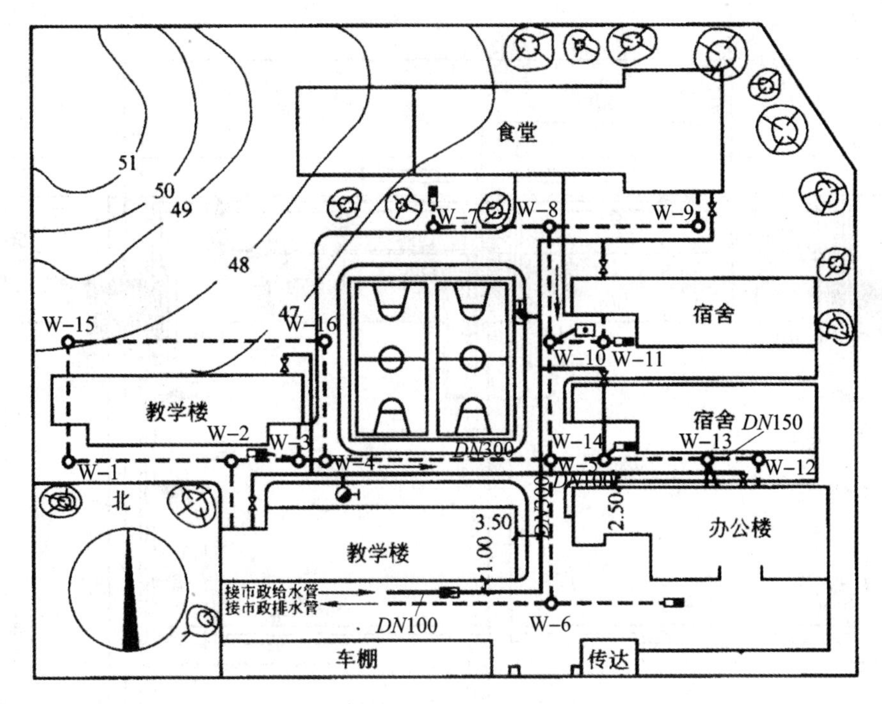

图 3－27　某学校室外给水排水管道总平面图（1:500）

实例 23：某老师宿舍淋浴室热水供应平面图识读

图 3－28 为某学校老师宿舍淋浴室热水供应平面图，从图中可以了解以下内容：

1）图中淋浴间设在外墙轴线①和②之间。分设男女淋浴室和更衣室。淋浴室开间为 13.2m，进深为 11.8m，地面标高为 $H-0.020$，表示淋浴室比相应的楼层面低 0.02m。男女淋浴室各布置 5 个淋浴喷头和 2 个洗手盆，男女淋浴室的喷头对称布置，女淋浴室沿轴线①（墙）布置 3 个喷头，喷头间距为 900mm，喷头与墙的最小间距为 425mm，与柱的距离为 320mm，2 个洗手盆布置在女淋浴室右侧边墙，间距为 605mm，与外墙间距为 505mm。

2）淋浴室设有冷水和热水两条管道系统，冷水用符号 DJ 表示，热水用符号 R 表示，图中轴线Ⓒ轴线②相交处的淋浴室外墙，设有冷水立管 RJL－2 和热水立管 RJL－1。热水立管的管径为 *DN*50，穿过轴线②（墙）布置一环形水平干管，分别与男女淋浴室布置的 10 个喷头及 4 个洗脸盆相连接。

实例 24：某老师宿舍淋浴室热水供应轴测图识读

图 3－29 为某学校老师宿舍淋浴室热水供应轴测图，从图中可以了解以下内容：

1）图中表示了热水横管的空间走向。热水给水管沿淋浴室内墙成环形布置，表示出管径、标高等内容。比例为 1:100，热水立管编号为 RJL－1，与平面图的编号一致。

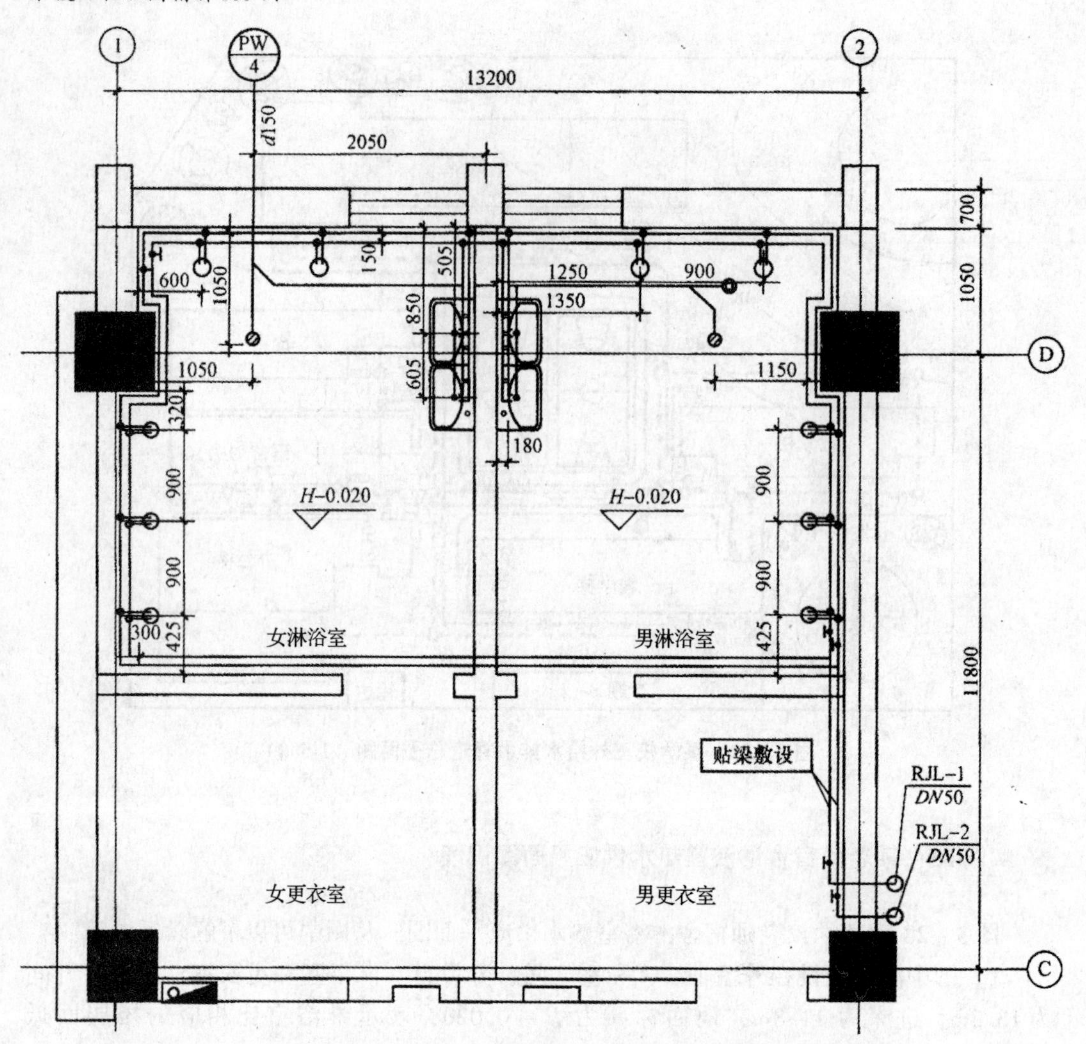

图3-28　某学校老师宿舍淋浴室热水供应平面图

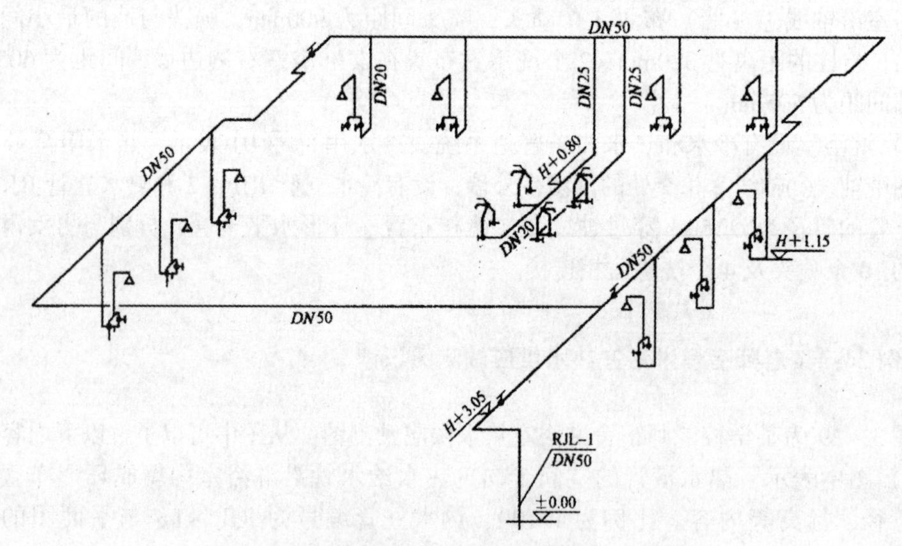

图3-29　某学校老师宿舍淋浴室热水供应轴测图

2）系统图热水横管管径为 $DN50$，横管标高为 $H+3.05$，表示横管距楼面的安装高度为3.05m。淋浴器的支管管径为 $DN20$，高为 $H+1.15$，表示淋浴器横支管距楼面的安装高度为1.15m。每个淋浴器有调节水温、水量的阀门，系统图支管顶部的三角形图例表示淋浴喷头。洗手盆的支管管径分别为 $DN25$。洗手盆的横支管标高为 $H+0.80$，表示洗手盆的横支管距楼面的安装高度为0.80m。

实例25：某办公楼给水平面图识读

图3－30为某办公楼给水平面图，从图中可以了解以下内容：

1）底层平面图。给水从室外到室内，需要从首层或地下室引入。因此通常应画出用水房间的底层给水管网平面图，如图（a）所示。由图可知给水是从室外管网经Ⓔ轴北侧穿过Ⓔ轴墙体之后进入室内，并经过立管 JL－1、JL－2 及各支管向各层输水。

2）楼层平面图。如果各楼层的盥洗用房和卫生设备及管道布置完全相同，则只需画出一个相同楼层的平面布置图。但在图中必须注明各楼层的层次和标高，如图（b）所示。

3）屋顶平面图。当屋顶设有水箱及管道布置时，可单独画出屋顶平面图。但如管道布置不太复杂，顶层平面布置图中又有空余图面，与其他设施及管道不致混淆时，则可在最高楼层的平面布置图中，用双点长画线画出水箱的位置；如果屋顶无用水设备时，则不必画屋顶平面图。

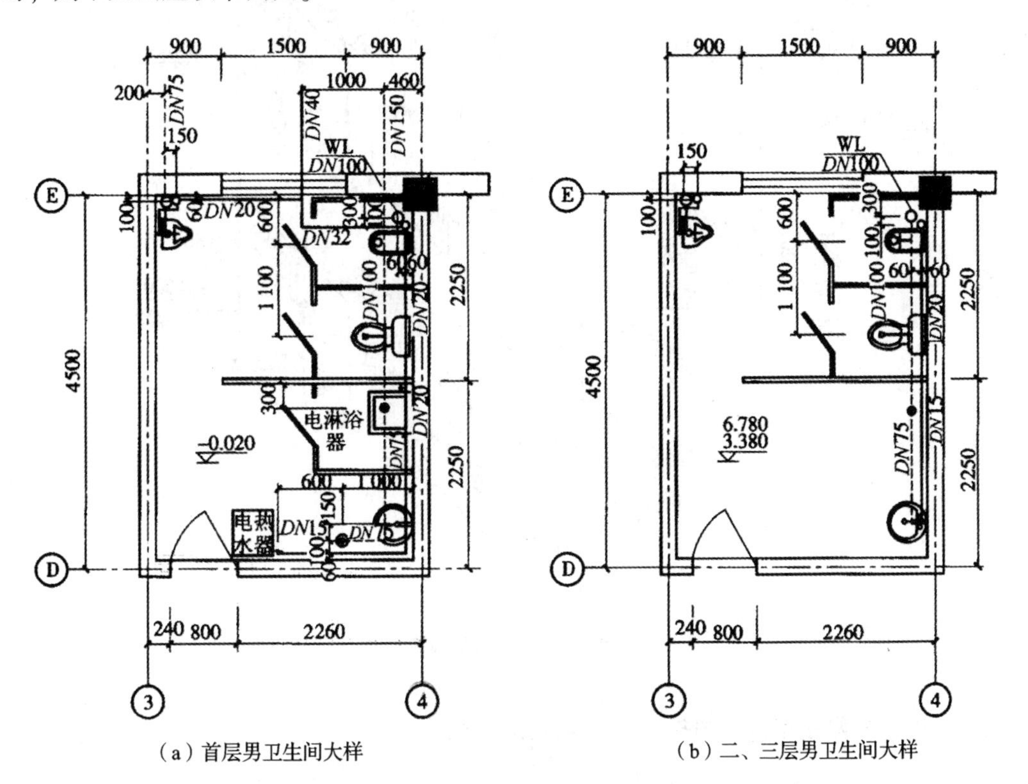

（a）首层男卫生间大样　　（b）二、三层男卫生间大样

图3－30　某办公楼给水平面图

4）标注。为使土建施工与管道设备的安装能互为核实，在各层的平面布置图上，均需标明墙、柱的定位轴线及其编号并标注轴线间距。管线位置尺寸不标注，如图所示。

实例26：某办公楼给水系统管系轴测图识读

图3－31为某办公楼给水系统管系轴测图，从图中可以了解以下内容：

1）该办公楼给水引入管位于北侧，给水干管的管径为$DN40$。

2）从标高为－1.700m处水平穿墙进入室内，再分别由两条变径立管JL－1、JL－2穿过首层地面及一、二层楼板进行配水。

3）JL－1的管径由$DN20$变为$DN15$，JL－2的管径则由$DN32$变为$DN25$，其余支管的管径分别为$DN15$、$DN20$、$DN25$，各支管的管道标高可由图中直接读取。

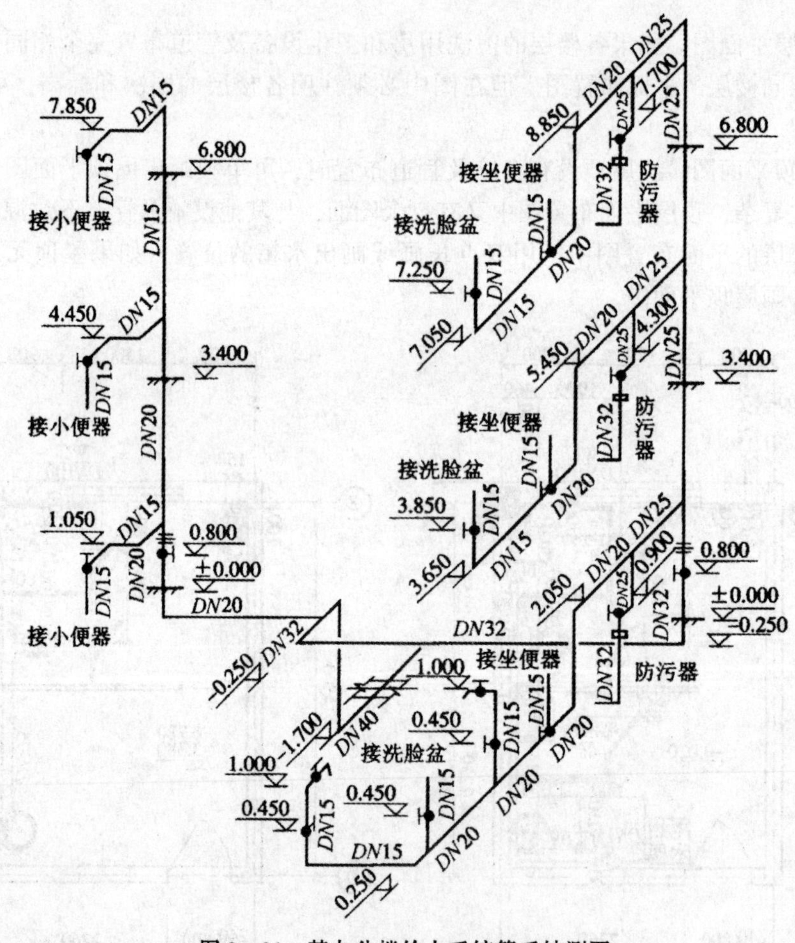

图3－31　某办公楼给水系统管系轴测图

实例27：某男生宿舍室内排水系统轴测图识读

图3－32为某男生宿舍室内排水系统轴测图，从图中可以了解以下内容：

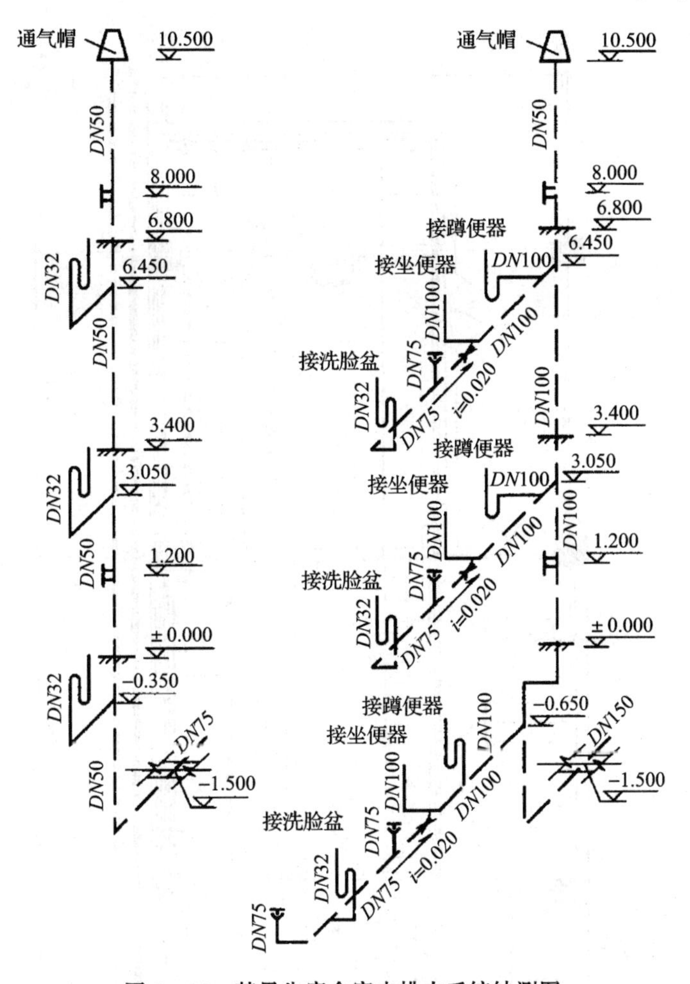

图 3-32　某男生宿舍室内排水系统轴测图

1）污水及生活废水由用水设备流经水平管到污水立管及废水立管，最后集中到总管排出室外至污水井或废水井。

2）排水管管径比较大，比如接坐便器的管径为 *DN*100，与污水立管 WL-1 相连的各水平支管均向立管找坡，坡度均为 0.020，各总管的管径分别为 *DN*75、*DN*150。

3）系统图中各用水设备与支管相连处都画出了 U 形存水弯，其作用是使 U 形管内存有一定高度的水，以封堵下水道中产生的有害气体，避免其进入室内，影响环境。

4）室内排水管网轴测图在标注内容时，应注意以下方面：

①公称直径。管径给水排水管网轴测图，均应标注管道的公称直径。

②坡度。排水管线属于重力流管道，因此各排水横管均需标注管道的坡度，一般用箭头表示下坡的方向。

③标高。排水横管应标注管内底部相对标高值。

实例 28：某卫生间给水（中水）平面图识读

图 3-33 为某卫生间给水（中水）平面图，从图中可以了解以下内容：

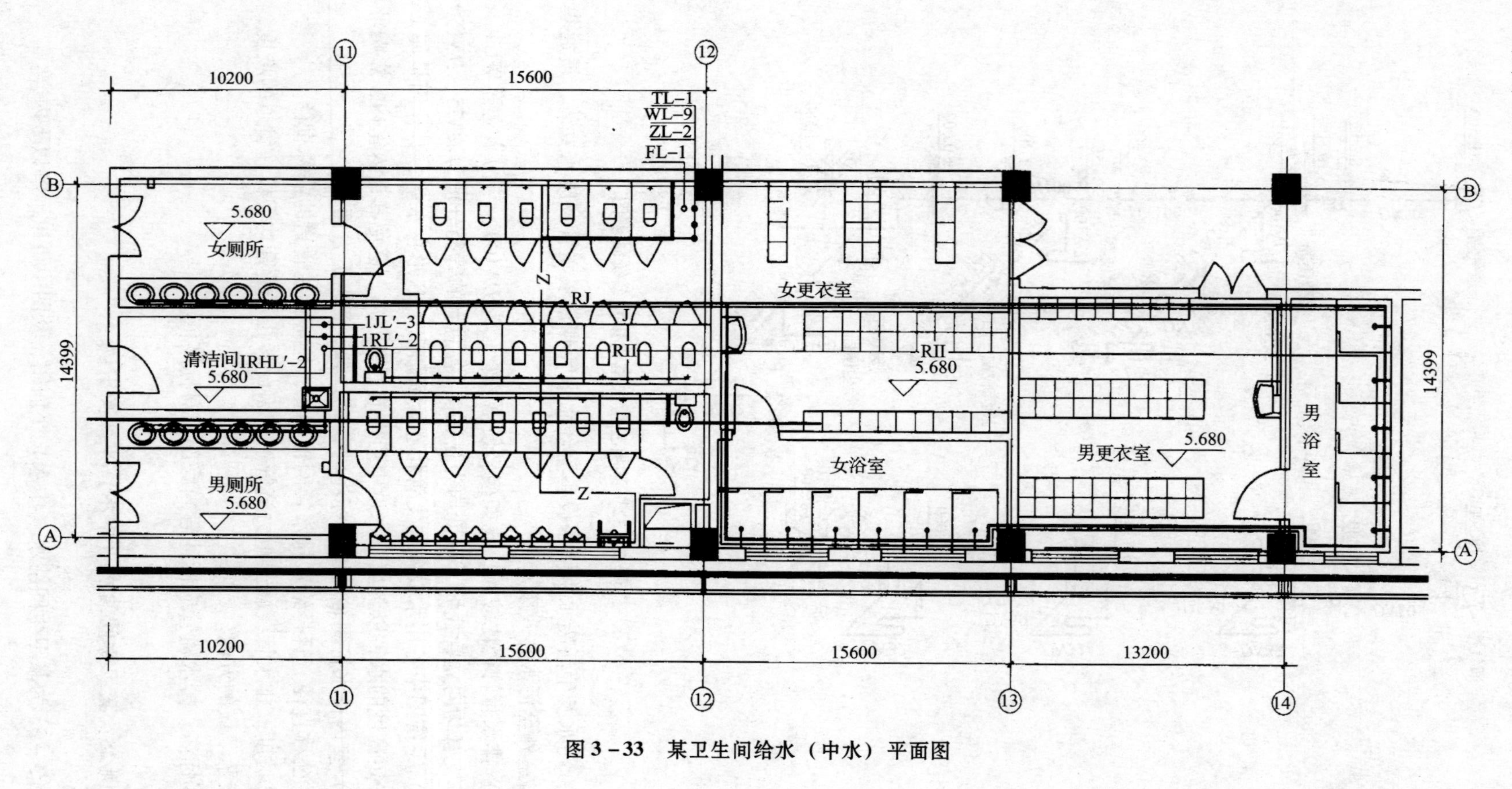

图3-33 某卫生间给水（中水）平面图

1）左侧为厕所，右侧为男女浴室。卫生设备有洗脸盆、大便器、小便器、淋浴喷头等。管道系统有中水管道、给水管道、热水管道，试进行施工图识读。

2）中水立管布置在轴线Ⓑ与轴线⑫交汇处，自中水立管引一水平向左的横管，在女厕所中间的位置经三通分成上、下两支路，上支路设一水平横支管，接入女厕所6个大便器冲洗水箱，下支路沿Ⓑ轴线方向布置了三条水平横支管，分别供给女厕所的大便器、男厕所的大便器和小便器冲洗水箱。

3）给水立管（1JL′-3）布置在清洁间右边墙上角位置，给水自立管引出，经三通分上、下两路，下支路接男厕所6个洗手盆水龙头，上支路在女厕所下边墙布置一条水平横管，左侧横管接女厕所6个洗手盆水龙头，右侧支管穿过女厕所进入男女浴室，支管沿浴室四周布置成封闭环形，分别与设置在男女更衣室的洗手盆水龙头及男女浴室的淋浴喷头连接。

实例29：某卫生间平面详图识读

图3-34为某卫生间平面详图，从图中可以了解以下内容：

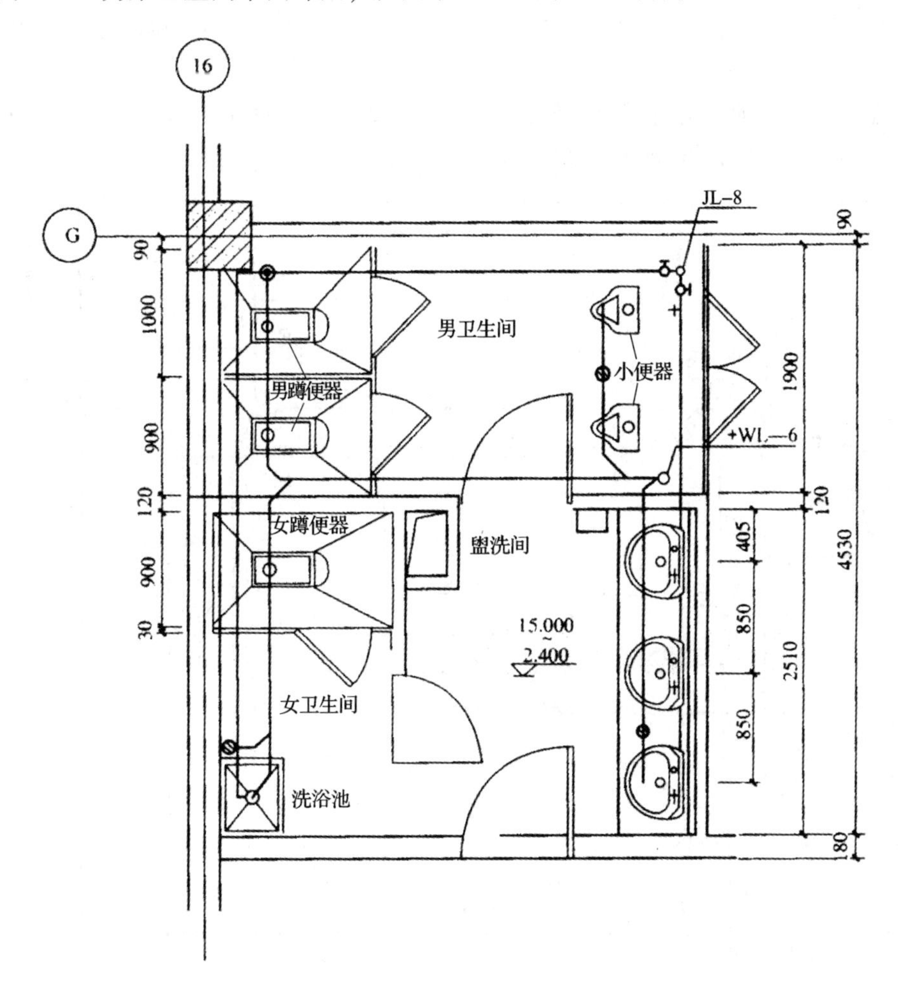

图3-34　某卫生间平面详图（1:50）

1）卫生间分男女两间，地坪标高为 2.400，男厕所卫生器具有 2 个蹲便器，2 个小便器。女厕所卫生器具有 1 个蹲便器和 1 个洗涤池。盥洗间设有 3 个洗手盆。两个蹲便的最小间距为 900mm，两小便器的间距为 850mm，两洗手盆的间距为 850mm。

2）给水管道布置时应力求长度最短，尽可能呈直线走向，并与墙、梁、柱平行敷设。

3）给水立管设在沿内墙布置的管道井内，编号为 JL－8，给水横支管分成两路，一路沿轴线Ⓖ向左到轴线⑯位置拐向下方沿轴线⑯布置，接 3 个蹲便器和 1 个洗涤池用于冲洗水箱和水龙头。另一路横支管从管道井沿内墙布置接盥洗间设置的 3 个洗手盆上的水龙头。给水立管 JL－8 引出的两个横支管均各设一阀门。

实例 30：某办公楼室外给水排水平面图识读

图 3－35 为某办公楼室外给水排水平面图，从图中可以了解以下内容：

1. 给水系统

原有给水管道是从东面市政给水管网引入的，管中心距离锅炉房 2.5m，管径为 *DN*75。其上设一水表 BJ1，内装水表及控制水阀。给水管一直向西再折向南，沿途分设支管分别接入锅炉房（*DN*50）、库房（*DN*25）、试验车间（*DN*40×2）、科研楼（*DN*32×2），并设置了三个室外消火栓（J1、J2、J3）。

新建给水管道则是由科研楼东侧的原有给水管阀门井 J3（预留口）接出，向东再向北引入新建办公楼，管径为 *DN*32，管中心标高为 3.10m。

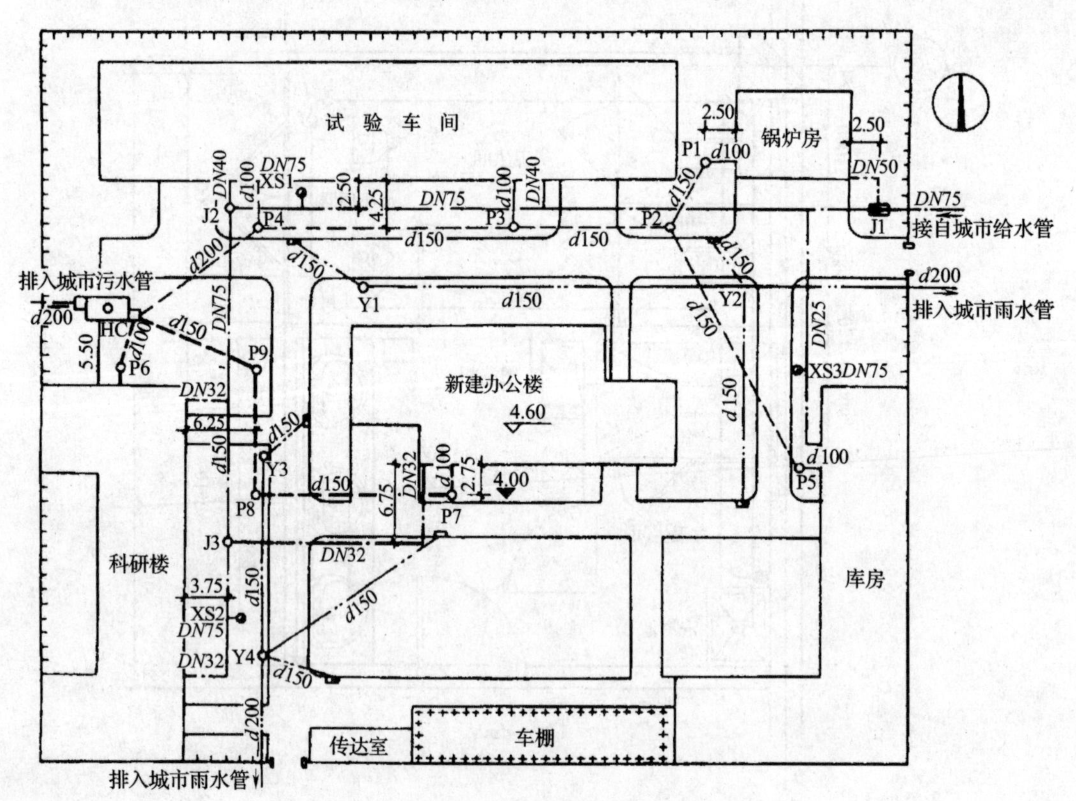

图 3－35　某办公楼室外给水排水平面图

2. 排水系统

根据市政排水管网提供的条件采用分流制，分为污水和雨水两个系统分别排放。其中，污水系统原有污水管道是分两路汇集至化粪池的进水井。北路：连接锅炉房、库房和试验车间的污水排出管，由东向西接入化粪池（P5、P1－P2－P3－P4－HC）。南路：连接科研楼污水排出管向北排入化粪池（P6－HC）。新建污水管道是办公楼污水排出管由南向西再向北排入化粪池（P7－P8－P9－HC）。汇集到化粪池的污水经化粪池预处理后，从出水井排入附近市政污水管。

3. 雨水系统

各建筑物屋面雨水经房屋雨水管流至室外地面，汇合庭院雨水经路边雨水口进入雨水管道，然后经由两路 Y1－Y2 向东和 Y3－Y4 向南排入城市雨水管。

实例 31：某办公楼室内给水排水平面图识读

图 3－36 为首层给水排水平面图，图 3－37 为二、三层给水排水平面图，从图中可以了解以下内容：

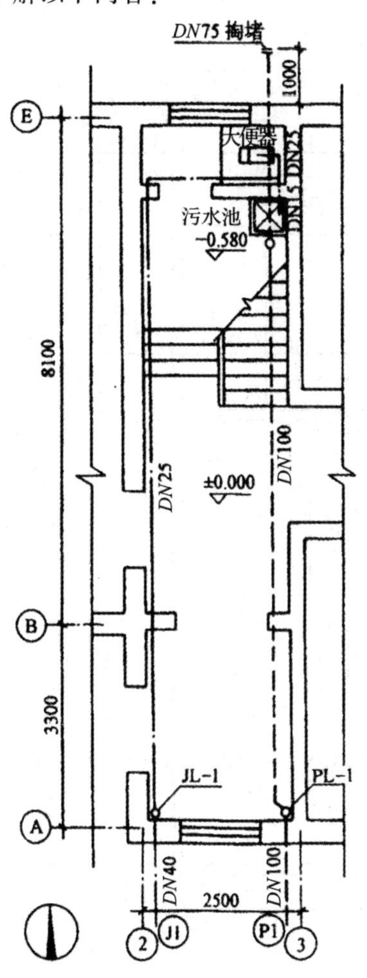

图 3－36 首层给水排水平面图

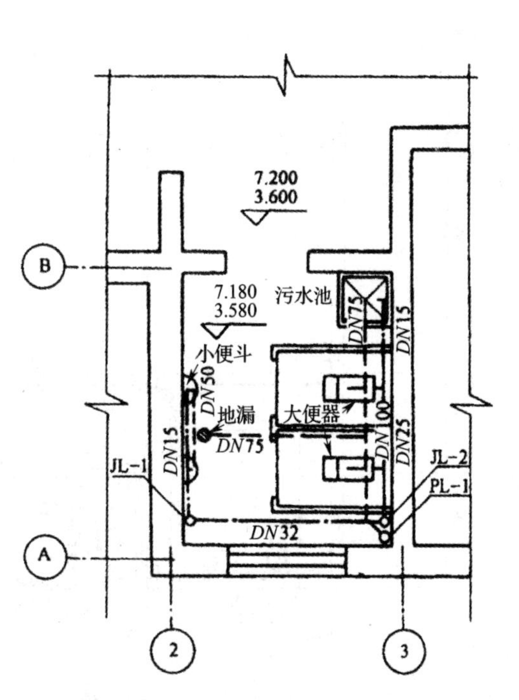

图 3－37 二、三层给水排水平面图

1）由图可知，在该办公楼的三层中均设有厕所（其他房间无给水排水设施）。一层厕所位于楼梯平台之下，内设大便器1个，厕所外设1个污水池。二、三层厕所位于楼梯对面，内设大便器2个、污水池1个、小便斗2个，均沿内墙顺次布置地漏1个。一层厕所地面标高为-0.580m，二、三层厕所地面标高分别为3.580m和7.180m（均较本层地面低0.020m）。

2）根据底层管道平面图的系统索引符号可知，给水系统有JL-1、排水系统有PL-1。

实例32：某住宅底层给水管道平面图识读

图3-38为某住宅底层给水管道平面图，从图中可以了解以下内容：

1）建筑内设有1个卫生间和1个厨房，卫生间内设1个坐式大便器、1个洗脸盆，厨房内设有1个洗涤盆。

2）室内地面标高为±0.000，卫生间地面标高为-0.050，图中，各种管道按系统进行编号，本系统给水引入管为1根，其编号为JL-1，是从房屋的右侧轴线Ⓓ和轴线Ⓔ中间引入，标高为1.700m。

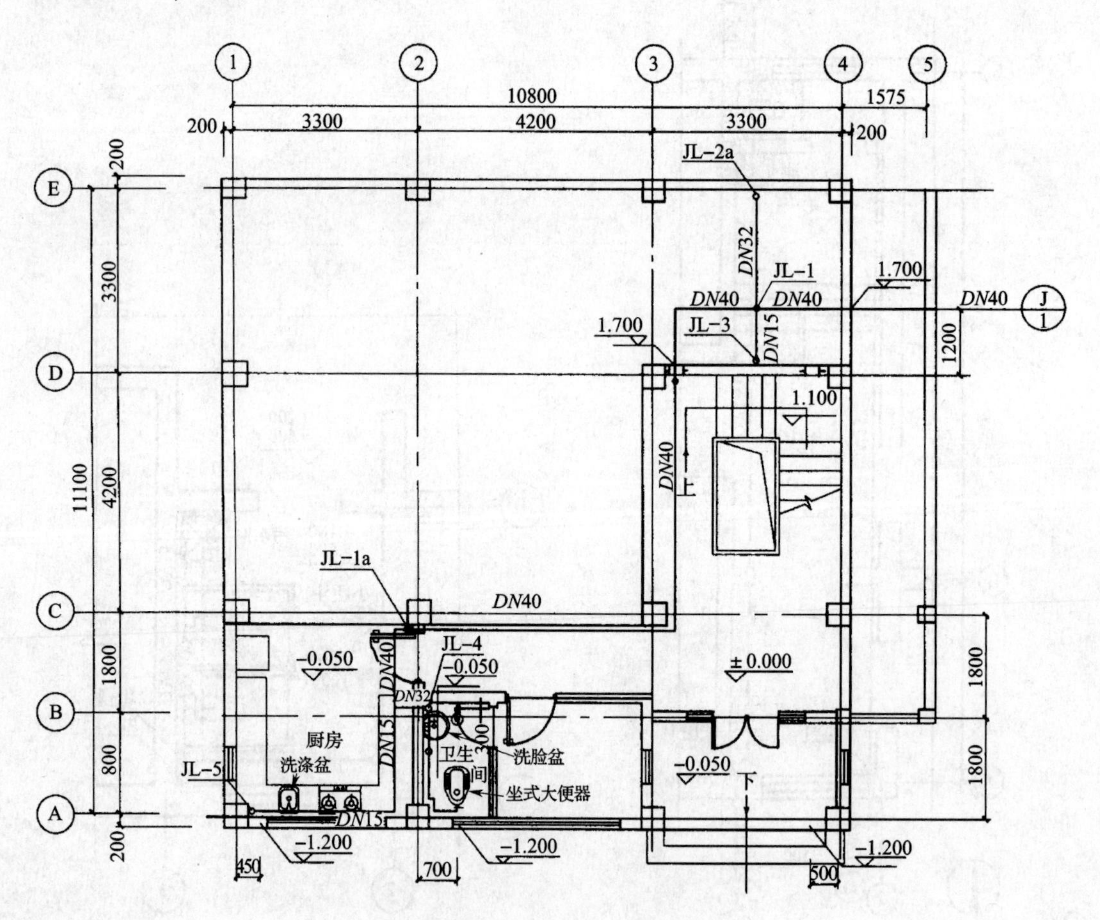

图3-38 某住宅底层给水管道平面图

3）给水横干管进入房屋后，经一水平段，在轴线③和轴线④间经四通将管线分成三路，分别由管径为15mm、32mm、40mm的水平管与立管JL－3、JL－2a、JL－1a连接，进入卫生间、厨房等给水用水间。

实例33：某住宅底层排水管道平面图识读

图3－39为某住宅底层排水管道平面图，从图中可以了解以下内容：

1）底层房屋地面标高为±0.000，屋内设有一间卫生间和一间厨房，卫生间地面标高为－0.050，卫生间内设1个坐式大便器、1个洗脸盆。厨房内设有1个洗涤盆。

2）图中有三个检查井，编号为$\frac{W}{3}$、$\frac{W}{2}$和$\frac{W}{1}$，两根排水立管编号为WL－1和WL－2a。以检查井编号可划分出3个独立的排水系统。WL－1立管由距外墙（轴线①）450mm的水平横干管管径为*DN*100的排出管排入检查井$\frac{W}{3}$，WL－2a立管由距外墙（轴线①）500mm的水平横干管管径为*DN*100的排出管排入检查井$\frac{W}{1}$。

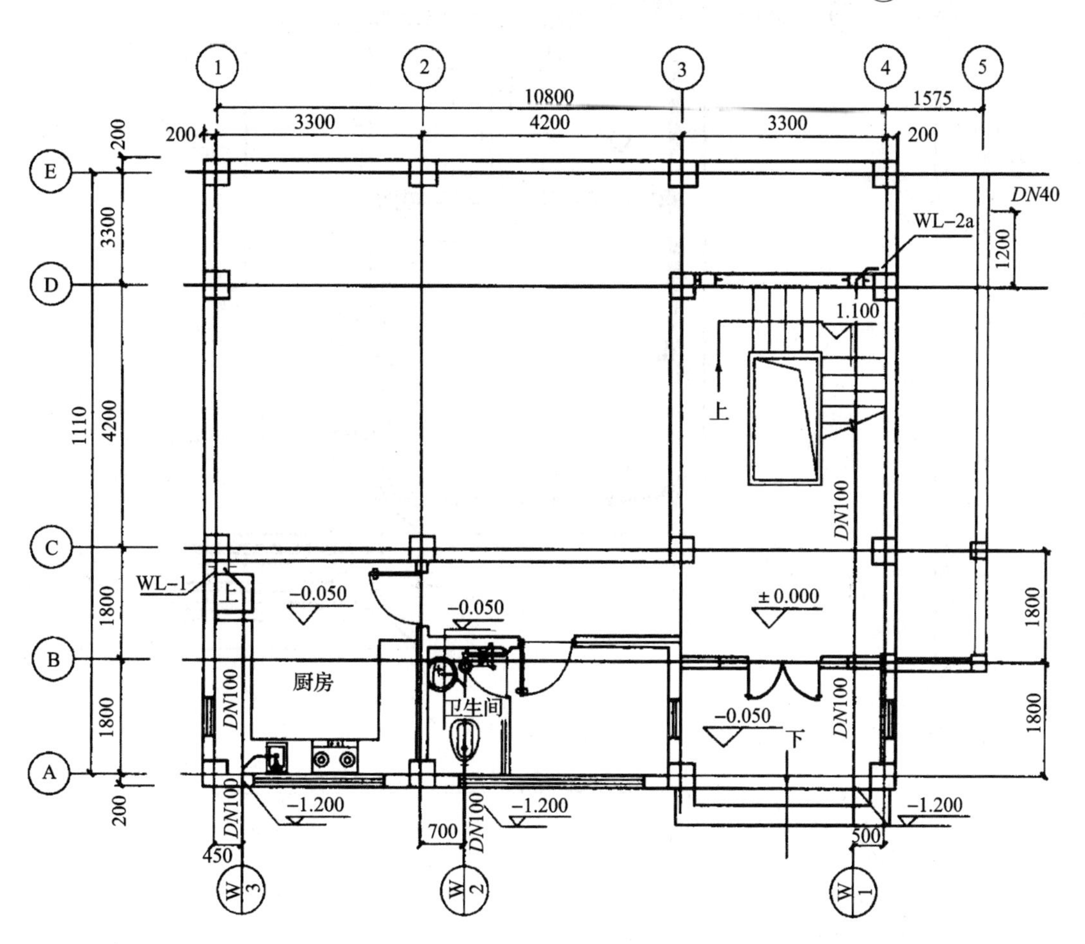

图3－39　某住宅底层排水管道平面图

实例34：某办公楼附楼的底层给水排水平面图识读

图3－40为某办公楼附楼的底层给水排水平面图，从图中可以了解以下内容：

1）底层设有男、女两个卫生间，男卫生间内设蹲式大便器5个、污水池1个、壁挂式小便器5个、洗脸盆3个，女卫生间内设蹲式大便器2个、污水池1个、洗脸盆2个。

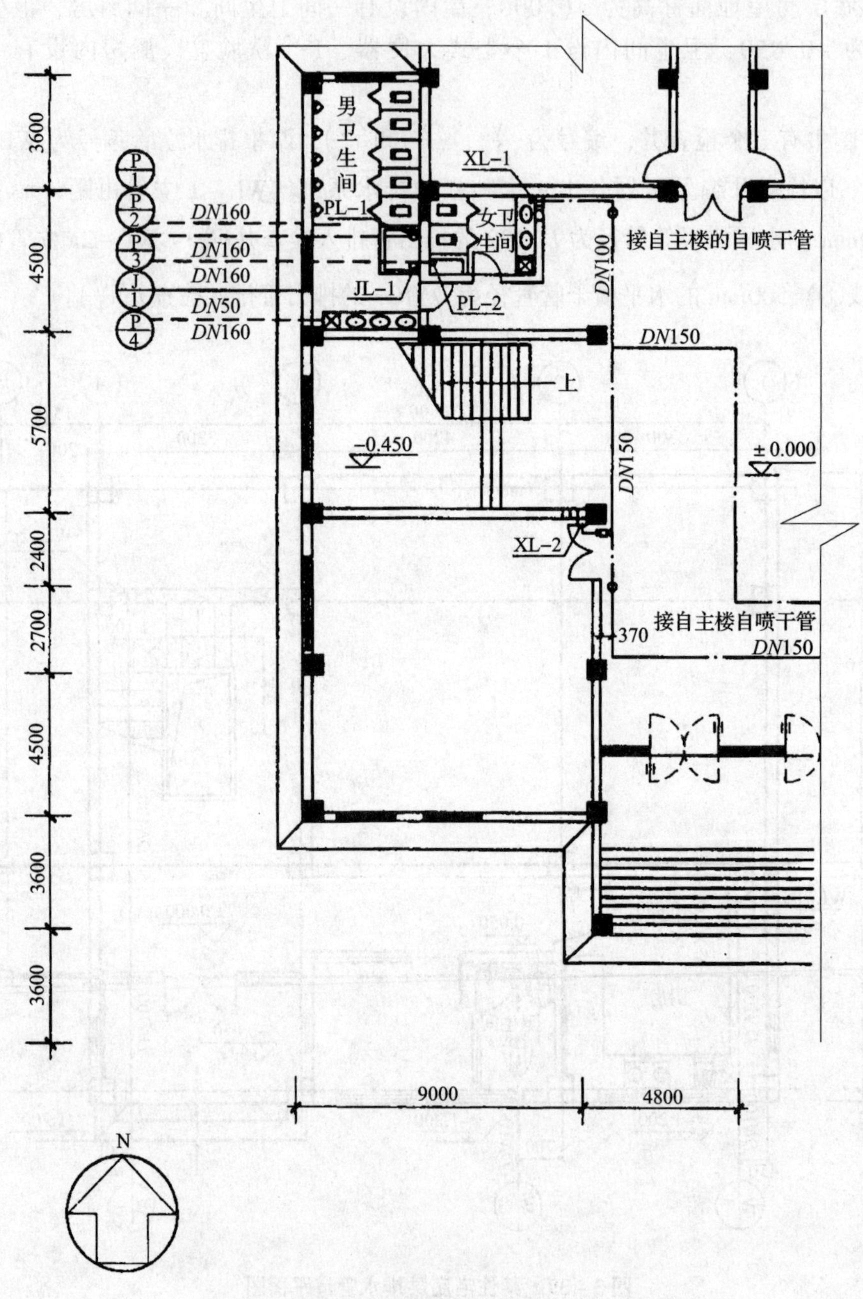

图3－40　某办公楼附楼的底层给水排水平面图

2）给水引入管从西侧垂直建筑外墙引入后进入管井，编号为$\frac{J}{1}$，管径为*DN*50；从给水引入管上接出一根给水立管，敷设在管井内，编号为 JL－1。管井内还布置有 2 根排水立管，编号分别为 PL－1 和 PL－2；底层布置有 4 根排出管，均从建筑的西侧引出，编号分别为$\frac{P}{1}$、$\frac{P}{2}$、$\frac{P}{3}$和$\frac{P}{4}$，管径为 *DN*160。

3）从图上还可以看到接自主楼自喷干管的消防管道，管径为 *DN*150 和 *DN*100，分别在女卫生间东北角和靠近楼梯间的房间的东北角，向上接出消火栓给水系统的立管，编号分别为 XL－1 和 XL－2。

实例 35：某办公楼附楼的七层给水排水平面图识读

图 3－41 为某办公楼附楼的七层给水排水平面图，从图中可以了解以下内容：

1）七层卫生间室内卫生设施的布置情况与图 3－40 相同。在七层平面图中看不到室外水源的引入点，水直接由给水立管引到本层，由给水立管 JL－1（在管井内）接出水平支管供水。

2）该层男、女卫生间的污水分别由敷设在两个管井内的 2 根排水立管收集，其编号为 PL－1 和 PL－2。

3）另外，接自主楼自喷干管的管道与消防立管 XL－1、XL－2 连接，供给附楼消火栓给水系统用水（起增压稳压作用）。消防主干管的管径为 *DN*150 和 *DN*100。

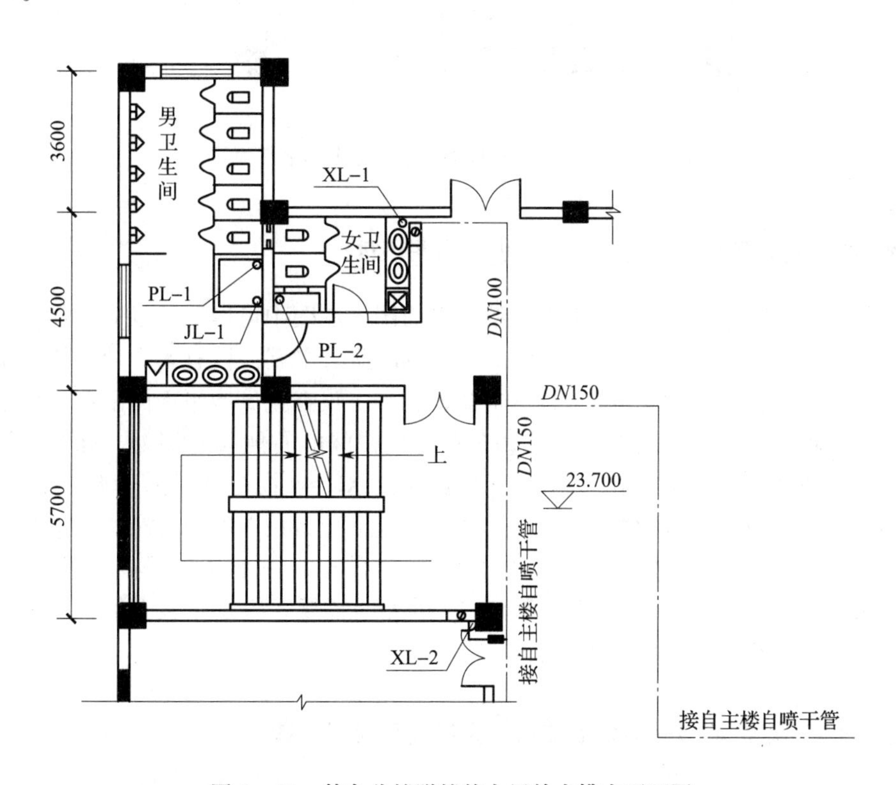

图 3－41　某办公楼附楼的七层给水排水平面图

实例36：某办公楼附楼的顶层给水排水平面图识读

图3-42为某办公楼附楼的顶层给水排水平面图，从图中可以了解以下内容：

1）给水立管JL-1接自主楼供水管（管径为*DN*80），由上自下供给附楼男、女卫生间用水。

2）排水立管PL-1、PL-2均伸出层面，为伸顶的通气管。

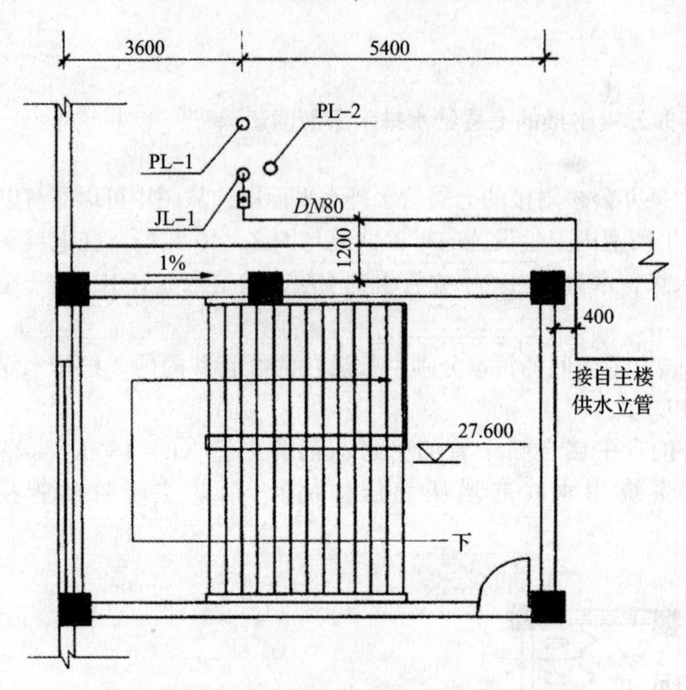

图3-42　某办公楼附楼的顶层给水排水平面图

实例37：某建筑地下一层消火栓给水平面图识读

图3-43为某建筑地下一层消火栓给水平面图，从图中可以了解以下内容：

1）室内标高为-5.70，沿轴线②布置有两台消防水泵，设有4个消火栓系统立管XL-1、XL-2、XL-3、XL-4，消火栓立管XL-1设在走廊内平面图上部，即轴线⑨和轴线Ⓒ相交点，XL-2设在沿轴线②布置的楼梯间的右侧靠外墙处，并接入消火栓箱，XL-3设在沿轴线Ⓒ设置的楼梯间的管道井内，XL-4设在沿轴线Ⓑ设置的库房战时水箱间内。4个消防立管通过横支管分别与布置在走廊上部位置的消火栓横干管连接。

2）平面图中还表示出系统布置2个水泵接合器，一个从水平横干管距轴线⑦1300mm处接出一条与轴线⑦平行的管道，穿过外墙轴线Ⓐ接水泵接合器，另一个水泵接合器的引出点在轴线②和轴线③之间。

实例38：某建筑地下一层自动喷水灭火系统平面图识读

图3-44为某建筑地下一层自动喷水灭火系统平面图，从图中可以了解以下内容：

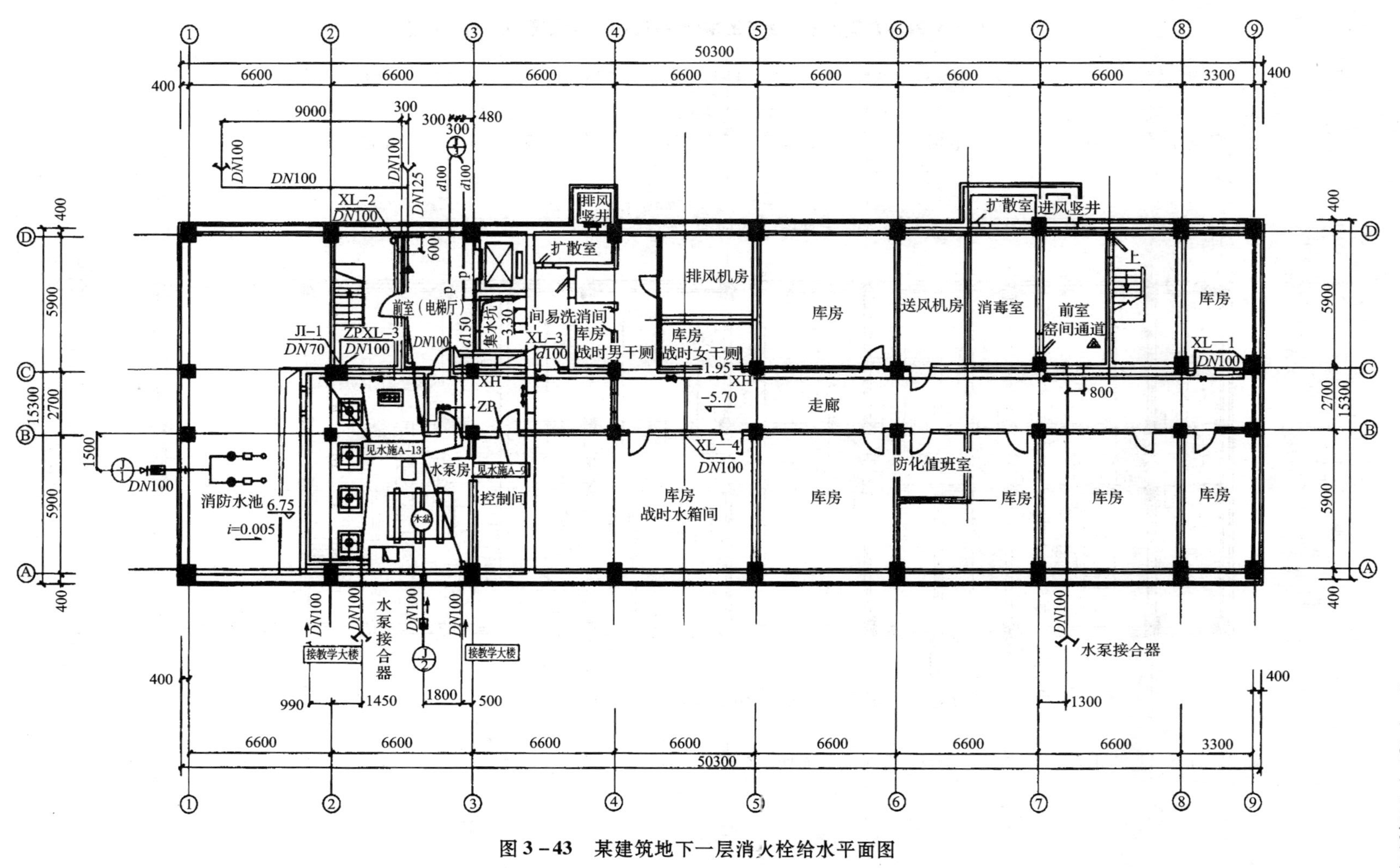

图 3－43　某建筑地下一层消火栓给水平面图

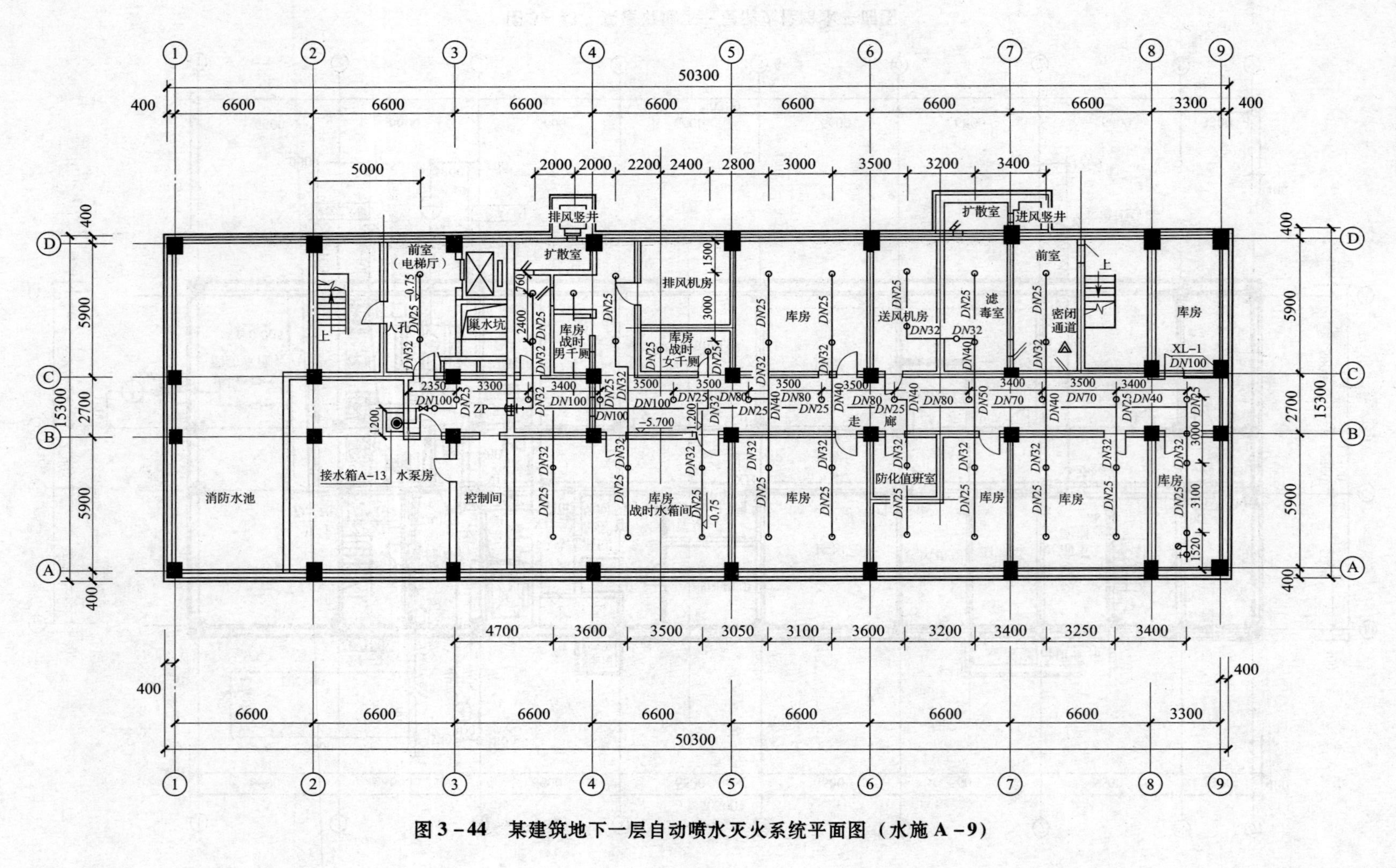

图3-44 某建筑地下一层自动喷水灭火系统平面图（水施A-9）

1）该建筑地下一层标高为 -5.700，面积是 50300mm×15300mm。中间为宽 2.7m 的走廊，房间开间为 6.6m，进深为 5.9m。房间左侧设有消防水池、楼梯间和电梯间，走廊两侧设有库房、排风机房、送风机房等。

2）自喷系统接自水施 A-9，自喷管道采用端中布置方式，横干管布置在走廊中间，水流指示器设在起始端，试水装置设在末端，横支管布置在干管两侧。

3）喷头按房间分布采用矩形布置，共设置 53 个喷头，喷头间距小于 3600mm。

4）各支管管径分别为 *DN*25、*DN*32。横干管管径分别为 *DN*125、*DN*100、*DN*80、*DN*65、*DN*50，管径顺水流方向依次递减。电梯前室自喷支管标高为 -0.75m。

实例 39：某新建办公楼室外排水管道纵断面图识读

图 3-45 为某新建办公楼室外排水管道纵断面图，从图中可以了解以下内容：

1）此段新建排水管道采用混凝土基础，设计地面标高为 4.00m，管段编号分别为 P7、P8、P9、HC，P7 段排水管道管径 $d=100$，设计管内底标高为 3.30m，管段水平距离为 2.00m，管径坡度 $i=0.02$；P8 段排水管道管径 $d=150$，设计管内底标高为 3.07m，管段水平距离为 16.00m，管径坡度 $i=0.01$；P9 段排水管道管径 $d=150$，设计管内底标高为 2.97m，管段水平距离为 10.00m，管径坡度 $i=0.01$；HC 段排水管道管径 $d=150$，设计管内底标高为 2.66m，管段水平距离为 11.00m，管径坡度 $i=0.01$。

2）同时还表明了与排水管道相交叉的雨水管（标高 3.30m）和给水管（标高 3.10m）的相对位置关系。

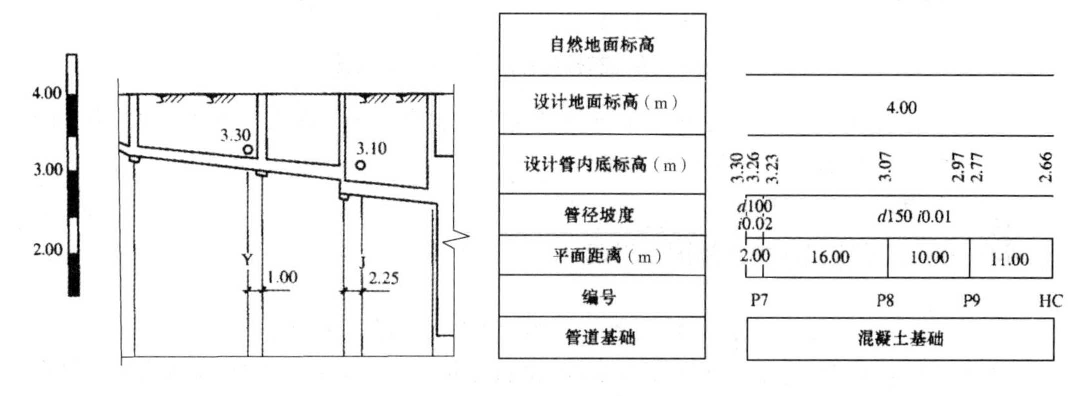

图 3-45 某新建办公楼室外排水管道纵断面图

实例 40：某洗衣机房管道平面布置放大图识读

图 3-46 为某洗衣机房管道平面布置放大图，从图中可以了解以下内容：

1）系统设有 3 个给水立管，房间内轴线Ⓒ与轴线⑤交汇处设一立管，轴线Ⓒ与轴线⑥交汇的洗衣房外墙处设一立管，在洗衣房中间靠近Ⓓ轴线布有一立管。

2）洗衣房两侧的横支管呈直线走向，与墙平行敷设，各接 6 个洗衣机给水龙头，给水口间距为 700mm。

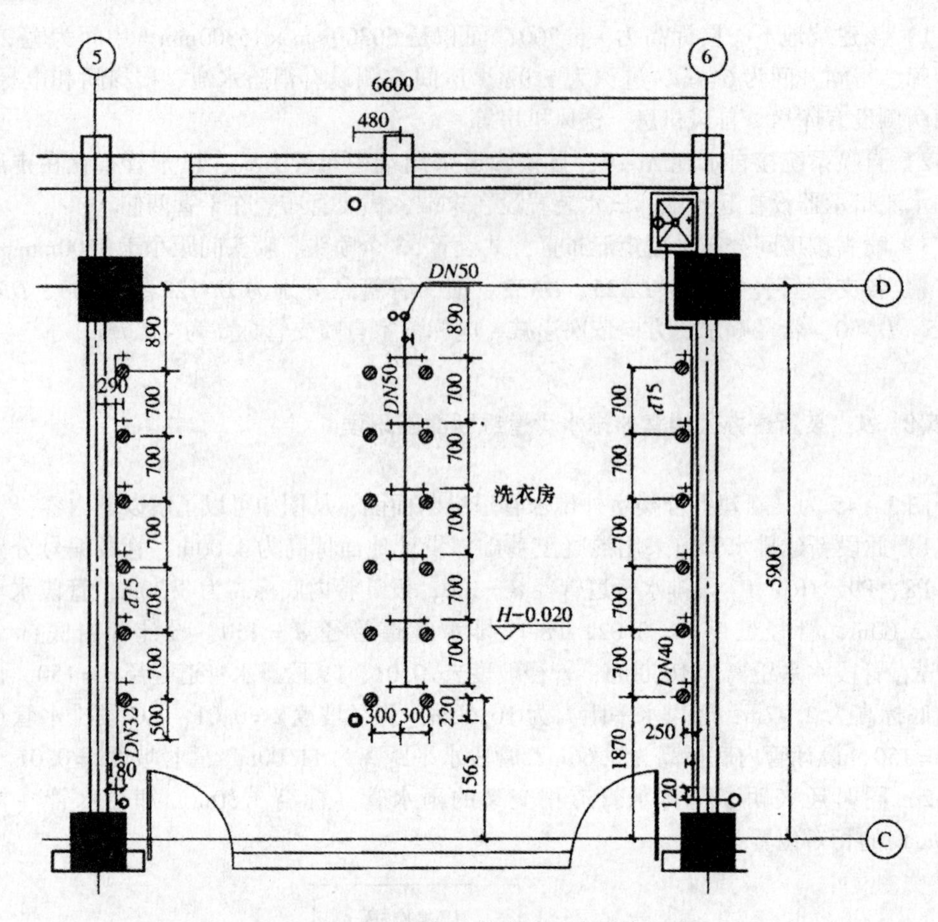

图 3－46 某洗衣机房管道平面布置放大图

3）中间立管接出一条与轴线⑤平行的横支管，支管两侧接洗衣机龙头共 12 个，两个龙头间距横向为 600mm，纵向为 700mm。

实例 41：某洗衣机房排水轴测图识读

图 3－47 为某洗衣机房排水轴测图，从图中可以了解以下内容：

排水经地漏 *DN*50 的器具支管排入 *DN*75 的排水横支管，经由 *DN*200 的排水横干管和 *DN*200 排出管，穿过轴线为Ⓓ的外墙，排入编号为 $\frac{PW}{3}$ 的排水检查井，排出管标高为－1.08。

实例 42：某商住楼给水系统图识读

图 3－48 为某商住楼室内给水系统图，从图中可以了解以下内容：

1）给水系统图的给水立管的编号与给水排水平面图中的系统编号相对应，据图中的标高线可知，本楼为六层。给水立管在二、三层之间设有一个止回阀，允许向上的水流通过，这样水箱就可供三至六层用水，并且可以保证水箱中的水在用水高峰时不会回流到城市供水管网中去。

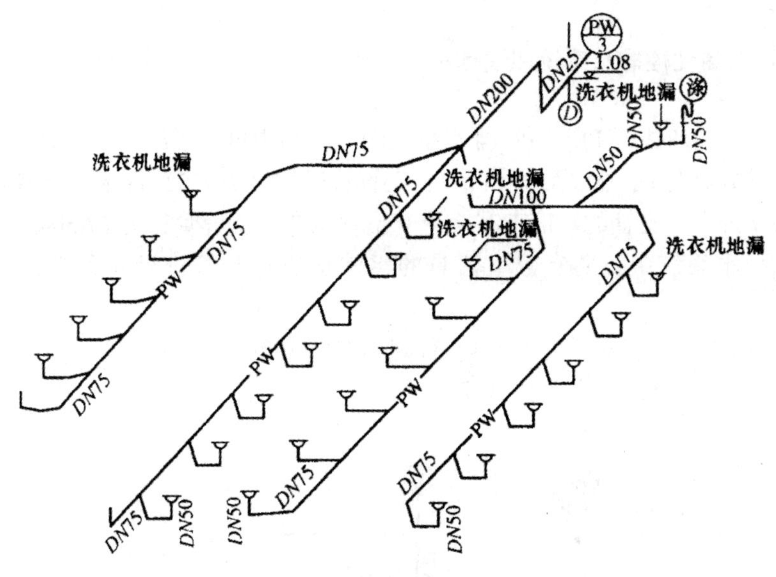

图 3－47　某洗衣机房排水轴测图

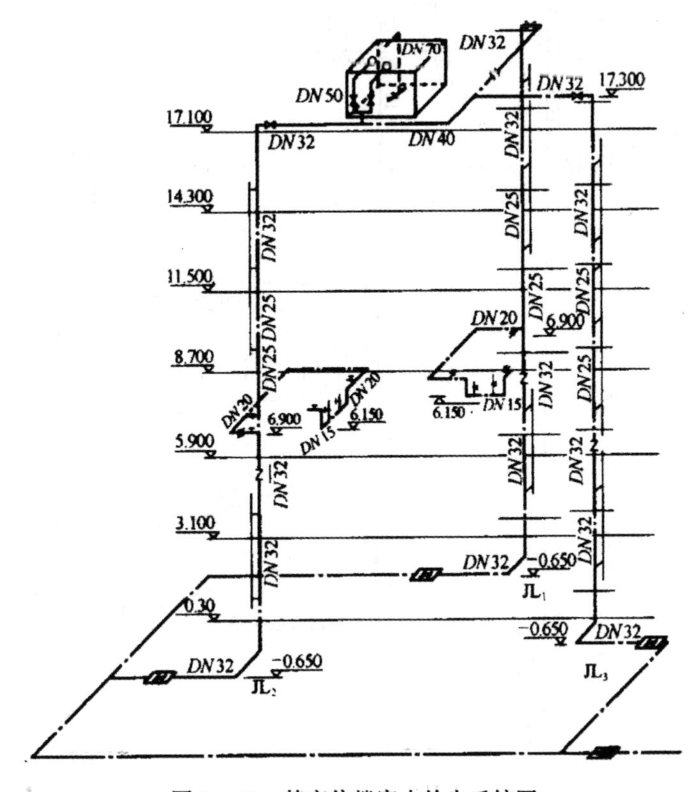

图 3－48　某商住楼室内给水系统图

2）室外供水经由 *DN*32 管道引入，由三通引出各层水平支管，支管管径为 *DN*20。支管上接有截止阀和水表各一个，这是每户进水总控制点和总计量点，然后接出 *DN*15 水龙头给洗涤盆、浴缸供水；管道下沉给坐便器供水；再用下进水的方式给洗面盆供水，之后管径变为 *DN*15，并向上高起接出一个 *DN*15 的水龙头。

实例43：某商住楼排水系统图识读

图3－49为某商住楼PL_1、PL_2排水系统图，从图中可以了解以下内容：

1）图中的厨房污水排放系统PL_1中，立管管径均为*DN*75。排水横支管在每层楼地面上方接入立管中，支管的端部带有一个P形存水弯，支管管径为*DN*50。

2）PL_2排水系统中，所有卫生器具的污水均通过支管排至立管中，立管管径为*DN*1000。

3）屋面以上通气管管径为*DN*75，且高出屋面700mm。

4）底层卫生器具的污水单独排放。

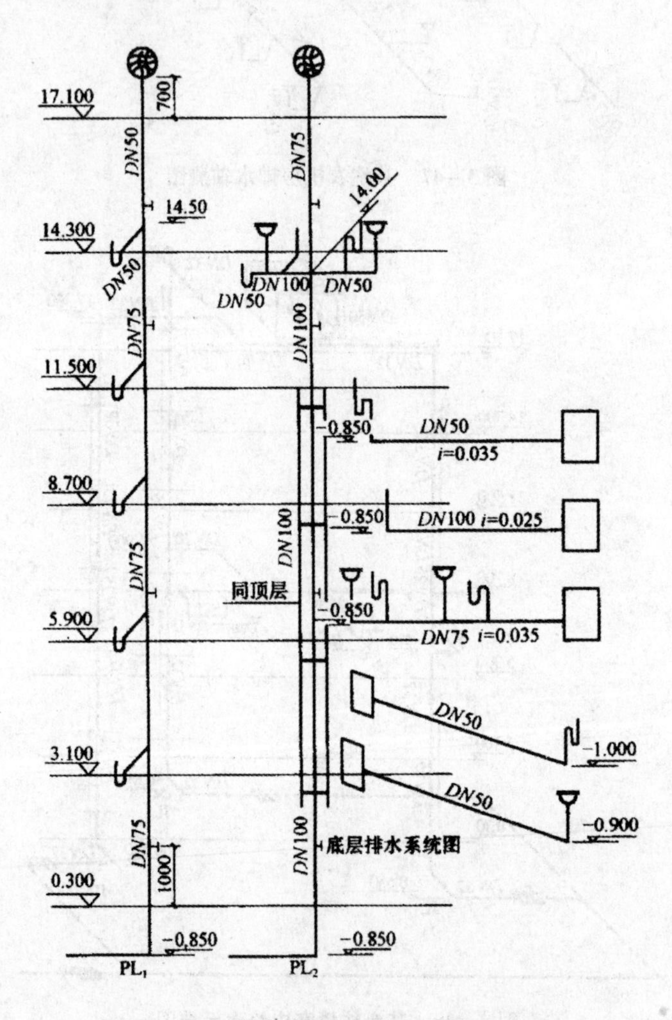

图3－49　某商住楼PL_1、PL_2排水系统图

实例44：某学生宿舍给水管道系统图识读

图3－50为某学生宿舍给水管道系统图，从图中可以了解以下内容：

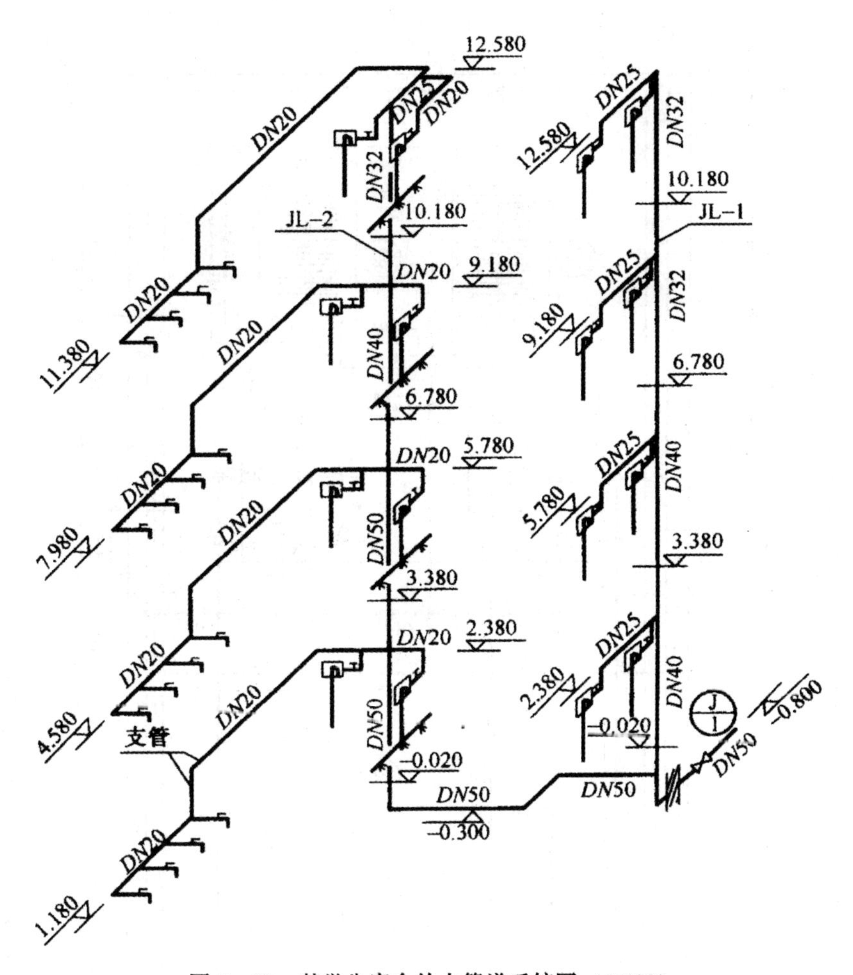

图 3-50 某学生宿舍给水管道系统图（1:100）

1）一般从室外引入管开始，按照其水流流程方向，依次为引入管、水平干管、立管、支管、卫生器具；如有水箱，则要找出水箱的进水管，再从水箱的进水管、水平干管、立管、支管、卫生器具依次识读。

2）底层给水管道系统$\frac{J}{1}$。首先与底层管道平面图配合识读，找出$\frac{J}{1}$管道系统的引入管。从图中可以看出，室外引入管为 *DN*50，其上装一阀门，管中心标高为 -0.800m；*DN*50 的进水管进入男厕所后，在墙内侧穿出底层地面（-0.020m）作为立管 JL-1（*DN*40）。在 JL-1 标高为 2.380m 处接一根沿⑨轴墙 *DN*25 的支管，其上连接大便器冲洗水箱两个。在 JL-1 标高为 -0.300m 处接一根 *DN*50 的管道同厕所北墙平行，穿墙后在女厕所墙角处穿出底层地面作为 JL-2（*DN*50）。在 JL-2 标高为 2.380m 处接出支管，其中一支上连接小便槽的冲洗水箱，另一支上连接大便器的冲洗水箱并沿⑦轴墙进入盥洗室，降至标高为 1.180m，其上接四个水龙头。

实例 45：某热交换间平面详图识读

图 3-51 为某热交换间平面详图，从图中可以了解以下内容：

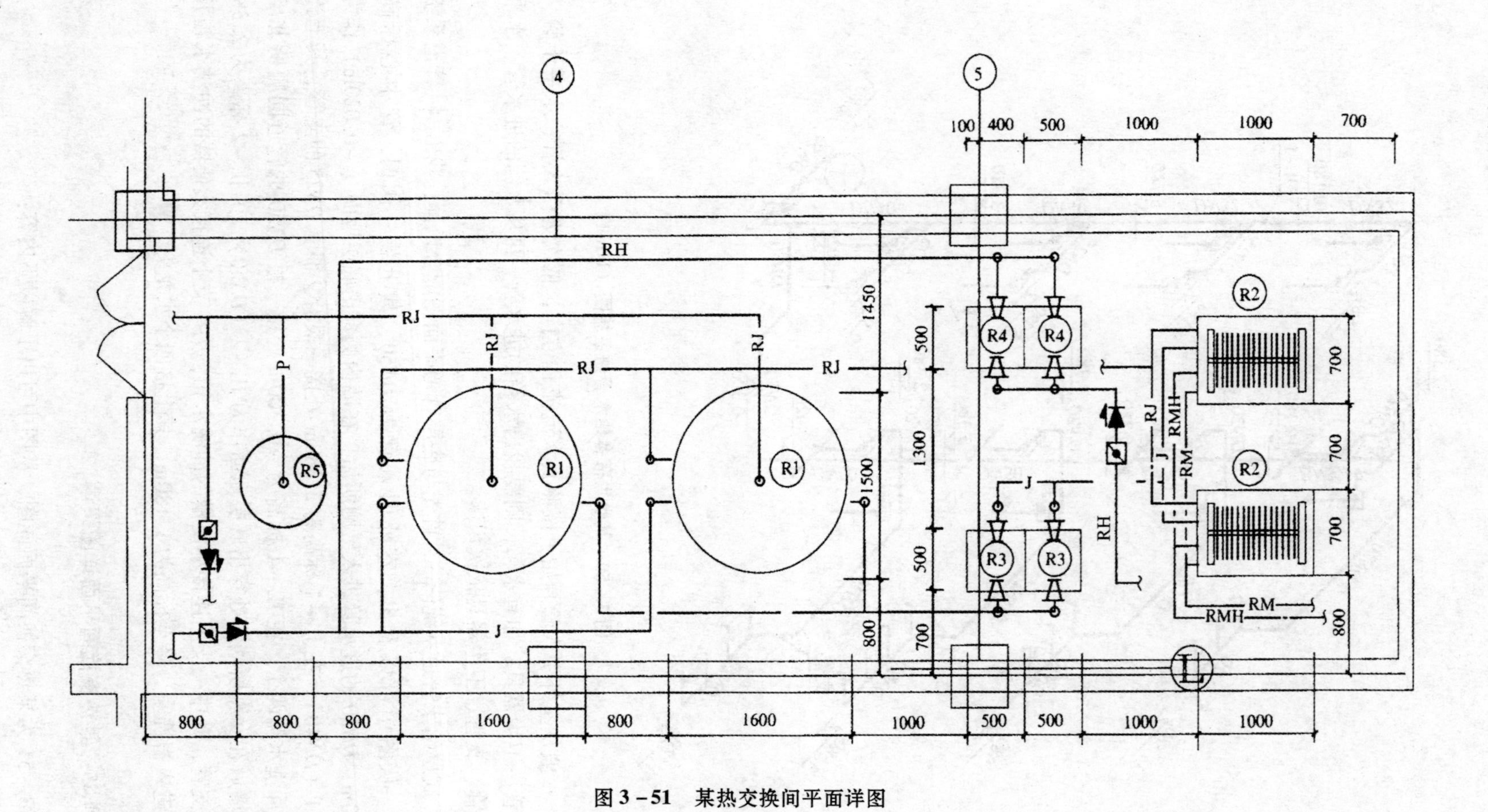

图 3－51　某热交换间平面详图

1）设备布置。从房间自左向右看，设备有膨胀罐（R5），直径为800mm，距左墙的距离800mm，距膨胀罐800mm处并排布置两台热水储水罐（R1），储水罐直径为1600mm，两储水罐间距为800mm；在储水罐右侧1000mm的位置布置两台给水泵（R3），水泵基础尺寸为500mm×500mm；图中给水泵（R3）的上部布置两台循环水泵（R4），基础尺寸为500mm×500mm；在距水泵（R3）1000mm的位置布置两台板式热交换器（R2），尺寸为1000mm×700mm。

2）管道的布置及走向。图示中的图例显示管道类别有给水管道（J）、热水管道（RJ）、热水回水管道（RH）、热媒管道（RM）、热媒回水管道（RMH）、膨胀管道（P）等六类。给水管道（J）从房间左侧墙进入热交换间，通过管道（J）分别进入两台储水罐，从储水罐引出管线（J）经水泵R3压入热交换器（R2）中。热水管道（RJ）由板式热交换罐（R2）中引出，通过管线（RJ）进入热水储水罐（R1）中，热水管道（RJ）从储水罐中引出，通过布置在房间上部的热水管（RJ）接至热用户的管线，通过三通分成两路。在热水出口管线上连接有膨胀管道（P），与膨胀罐（R5）相连接，接纳系统中热膨胀引起的多余的热水。热媒（RM）管线从房间右下角处引入，通过热媒管道（RM）分别进入两台板式热交换器中。在交换器中加热冷水形成的冷凝水由热媒回水管（RMH）收集后，送至冷凝水池。热水回水管（RH）从图右侧墙引入，经两台并联布置的循环水泵增压，沿上部边墙布置水平横管出口管线，流向左侧，在膨胀管附近转向下，与冷水管（J）连接，与冷水一起进入热水储水罐及板式热交换罐加热。

实例46：某别墅住宅给水系统图识读

图3-52为某别墅住宅给水系统图，从图中可以了解以下内容：

1）从图中可以看到两户的给水分别由入户水表井引出的管径为*DN*40的引入管，标高为-0.900m，从图形的左前方顺着①轴线墙和⑨轴线墙的外侧向上至Ⓔ轴线墙交界处转向，再顺着Ⓔ轴线墙外侧在与③轴线墙和⑦轴线墙交界处进入厨房及卫生间。

2）进入厨房后分出一管径为*DN*20的立管上升至标高为1.000m处转向成向后再向左的水平支管，终结为一放水龙头向厨房供水，在立管转向成水平支管的起端装有一截止阀。

3）引入管进入卫生间后，先分出一编号为JL-1和JL-01，管径为*DN*40的立管向上送入二层的主卫生间，同时再从引入管上分出一管径为*DN*25的立管上升至标高“*H*+0.450m”处转向成向左的水平支管，水平支管的起端装有一截止阀，后边依次有洗面盆的放水龙头、坐式大便器的冲水水箱及浴缸的放水龙头和淋浴喷头。

4）在编号为JL-1和JL-01，管径为*DN*40的立管向上进入二层的主卫生间后，在标高为高于二层楼面0.450m处转向成向左的管径为*DN*25的水平支管，其支管上的用水布置同一层卫生间；同时编号为JL-1和JL-01的立管在标高为高于二层楼面0.450m处，管径缩小为*DN*25直至标高为高于二层楼面2.700m处，转向右方从小卧室门洞上方通过后进入公卫，进入公卫后支管又向下降至标高为高于二层楼面0.450m处转向成向后的管径分段为*DN*25、*DN*20、*DN*15的水平支管，其支管上的用水设备布置同本层主卫生间。

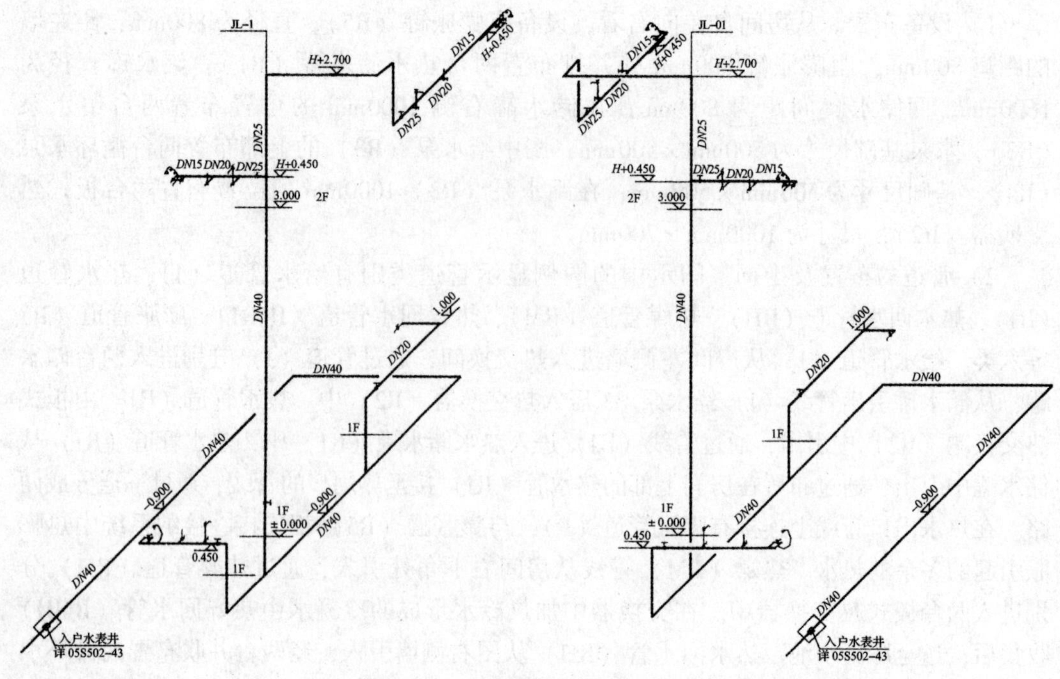

图 3-52 某别墅住宅给水系统图

实例 47：某别墅住宅排水系统图识读

图 3-53 为某别墅住宅排水系统图，从图中可以了解以下内容：

1）从图中可以看到，两户的主卫中内径为 *d*100mm 的排水立管 WL-1 和 WL-01 及客卫中内径为 *d*100mm 的排水立管 WL-2 和 WL-02 伸出屋面 300mm 高处的顶端都设有一通气帽。

2）二层的主卫、客卫中的排水横支管的标高为低于二层楼面 0.300m 处，排水横支管的端头是一清扫口，往后依次有洗面盆的存水弯、坐式大便器的排水管、地漏及浴缸的排水管，以上的排水都是通过排水横支管排入主卫的排水立管 WL-1 和 WL-01 及客卫中排水立管 WL-2 和 WL-02，再排至一层的卫生间及餐厅地面以下，再由坡度为 1% 的室内排水管排出室外到距外墙 3000mm 的室外排水管内，最后排至室外污水管网。

实例 48：某办公楼室内给水排水系统图识读

图 3-54 为某办公楼室内给水和排水管道系统图，从图中可以了解以下内容：

1）给水系统首先与底层平面图配合找出 J/2 管道系统的引入管。由图可知，引入管 *DN*40 是由轴线②处进入室内，于标高 -0.30m 处分为两支，其中一支 *DN*25 进入一层厕所，出地面后设一控制阀门，然后在距地面 0.80m 处接出横支管至污水池上安装水龙头 1 个，在立管距地面 0.98m 处接出横支管至大便器上并安装冲洗阀门和冲洗管。另一支管 *DN*32 穿出底层地面沿墙直上供上层厕所，立管 *DN*32 在穿越二层楼面之前于标高 3.300m 处再分两支，其中一支沿外墙内侧接出水平横管 *DN*32 至轴线③处墙角向

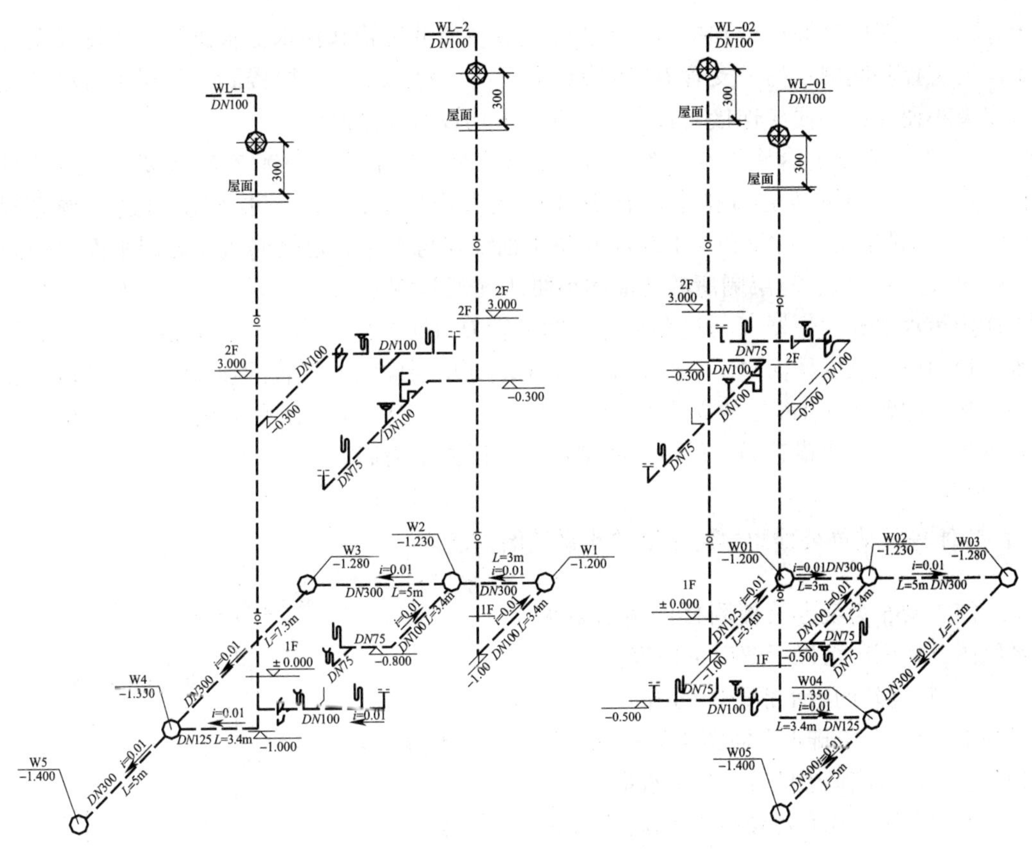

图 3－53　某别墅住宅排水系统图

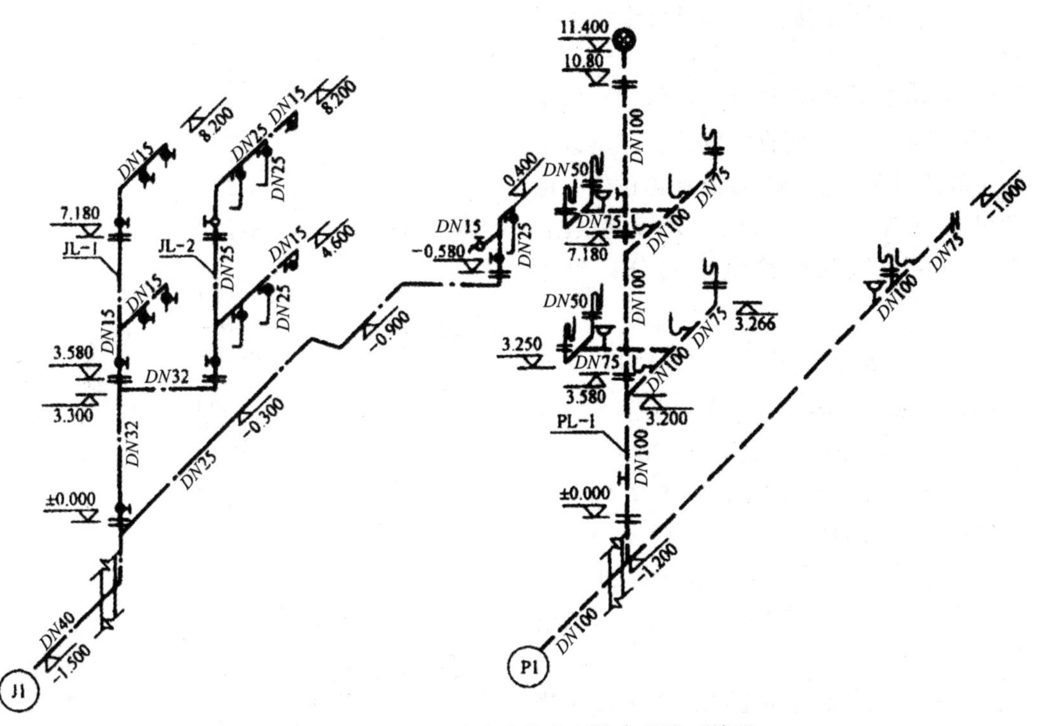

图 3－54　某办公楼室内给水和排水管道系统图

上穿越二、三层楼面，分别接出水平支管安装便器冲洗管和污水池水龙头，在每层立管上均设有控制阀门；另一支管 *DN*15 沿原立管向上穿越二、三层楼面，分别接出水平支管安装小便斗，小便斗连接支管和每层立管上均设有控制阀门。

2）排水系统配合底层平面图可知，本系统有一排出管 *DN*100 在轴线③处穿越外墙接出室外，一层厕所通过排水横管 *DN*100 接入排出管，二、三层厕所通过排水立管 PL－1接入排出管，立管 PL－1 *DN*100 位于轴线③与Ⓐ的墙角处（可在各层平面图的同一位置找到）。二、三层厕所的地漏和小便斗（通过存水弯）由横管 *DN*75 连接，并排入连接污水池和大便器（通过存水弯）的横管 *DN*100，然后排入立管 PL－1。各层的污水横管均设在该层楼面之下。立管 PL－1 上端穿出层面的通气管的顶端装有铅丝球。在一层和三层距地面 1m 处的立管上各装一检查口。由于一层厕所距排出管较远，排水横管较长，故在排水横管另一端设一掏堵堵口，以便于清通。

实例49：某办公楼附楼的生活给水系统图识读

图 3－55 为某办公楼附楼的生活给水系统图，从图中可以了解以下内容：

1）该建筑的给水系统图的给水立管编号为 JL－1，与给排水平面图中的系统编号相对应，表示该附楼仅有一个给水系统。

2）图中给出了各楼层的标高线（图中两条细横线表示楼层的地面，该建筑共有7层），表明了接自主楼屋顶水箱的供水干管与给水管道的关系。

3）由本系统图可知，一层、二层卫生间的用水由外管网直接供给，三层以上卫生间的用水由主楼的屋顶水箱供给。由此可见，该附楼属于下层由外管网供给、上层由主楼屋顶水箱供给的分区给水系统。

4）引入管 $\frac{J}{1}$（管径为 *DN*50）从外管网穿墙引入该建筑后，设弯头向上、向右（管径为 *DN*5，标高为 －0.300m）、向后，再设弯头向上接出给水立管 JL－1，立管的管径为 *DN*40。接自主楼屋顶水箱的水平干管在七层接入给水立管 JL－1，水平干管的管径为 *DN*80，给水立管的管径由上至下为 *DN*70、*DN*50 和 *DN*40。各层分别在本层从给水立管 JL－1 上接出横支管，供给本楼层卫生间的用水。

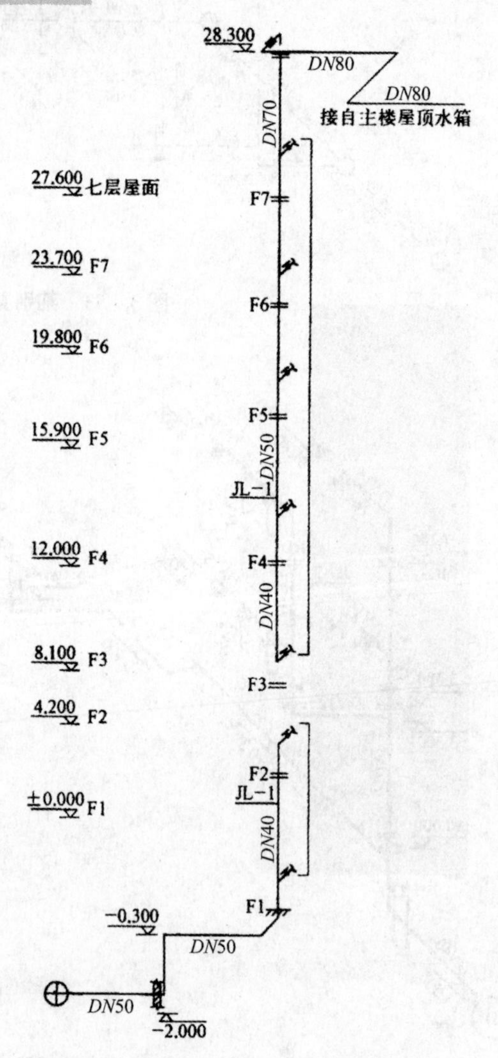

图 3－55　某办公楼附楼的生活给水系统图

实例 50：某办公楼附楼的生活污水排水系统图识读

图 3－56 为某办公楼附楼的生活污水排水系统图，从图中可以了解以下内容：

1）从排水系统图中可以看出，在 PL－1、PL－2 排水系统图中，除底层卫生间内卫生设备的污水单独排出外，其余楼层卫生间内卫生器具的污水均通过排水横支管排到立管中集中排放。

2）首先看排水立管，图中排水立管管径为 *DN*160，直到七层；七层以上出屋面部分的通气管管径为 *DN*160，且通气管上设有通气帽。为了便于清通管道，在排水立管的一层、三层、五层、七层位置处均设有检查口。排水立管 PL－1、PL－2 在底层地板下 300mm 处向左、向下分别接出 2 根排出管 $\frac{P}{2}$、$\frac{P}{3}$，两根排出管的管径均为 *DN*160，埋深为 2200mm。

3）其次，来看看楼层的排水支管。排水立管 PL－1 在前、后两个方向上接入 2 根排水支管，排水立管 PL－2 在后方和右方两个方向上接入 2 根排水支管。

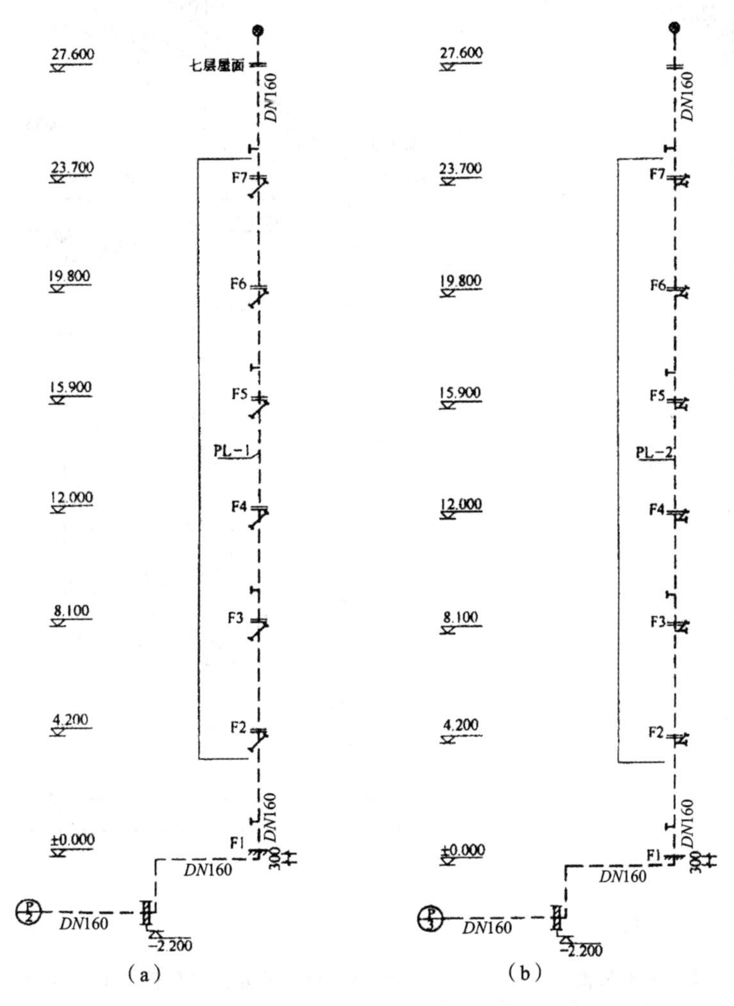

图 3－56　某办公楼附楼的生活污水排水系统图

4）图中污水立管与支管相交处的三通为正三通，但也有采用顺水斜三通的，以利于排水顺畅。

实例 51：某办公楼附楼的雨水立管系统图识读

图 3－57 为某办公楼附楼雨水立管系统图，从图中可以了解以下内容：

1）屋顶的雨水经雨水口收集后经由雨水立管 YL－1 和雨水排出管 $\frac{Y}{1}$ 排出。

2）雨水立管的管径为 *DN*100，雨水排出管的管径为 *DN*160。

实例 52：某办公楼附楼的消火栓给水系统图识读

图 3－58 为某办公楼附楼的消火栓给水系统图，从图中可以了解以下内容：

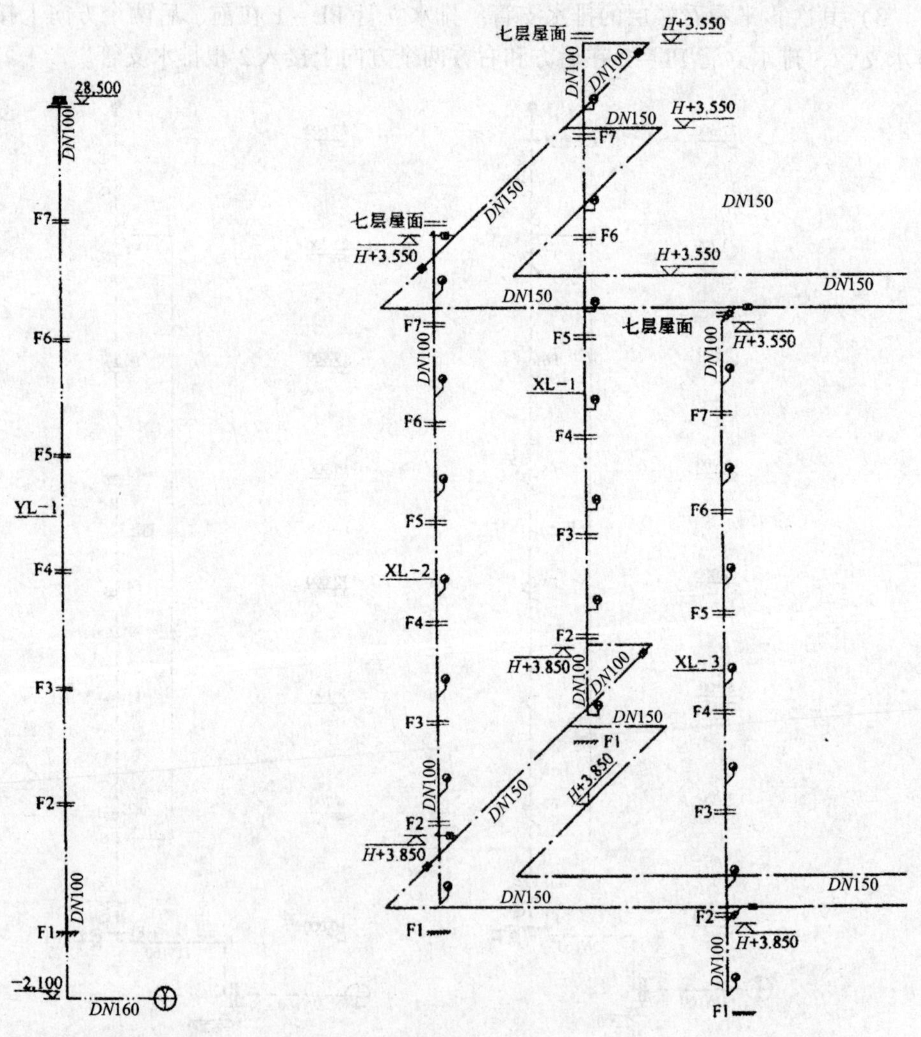

图 3－57　某办公楼附楼雨水立管系统图

图 3－58　某办公楼附楼的消火栓给水系统图

1）该附楼消火栓给水系统共设有3根消防立管，其编号分别为XL-1、XL-2和XL-3，管径为*DN*100，均从一层的水平消防干管上接出，在接出的起端均设置阀门。干管的管径为*DN*150，安装高度在一层地面以上3.850m处。一层消火栓的用水由上向下供给。

2）为了保证发生火灾时供水的可靠性，同时在顶层接自主楼消防加压稳压装置的水平消防干管与消防立管XL-1、XL-2和XL-3相接，水平消防干管管径为*DN*150，安装在距地面3.55m高度处。各层消火栓的用水分别在本层从立管上接出。立管XL-1上设置的是双出口消火栓，立管XL-2、XL-3上设置的是单出口消火栓。

实例53：某办公楼附楼的底层卫生间大样图识读

图3-59为某办公楼附楼的底层卫生间平面图，图3-60为某办公楼附楼的底层卫生间给水系统图，图3-61为某办公楼附楼的底层卫生间排水系统图，从图中可以了解以下内容：

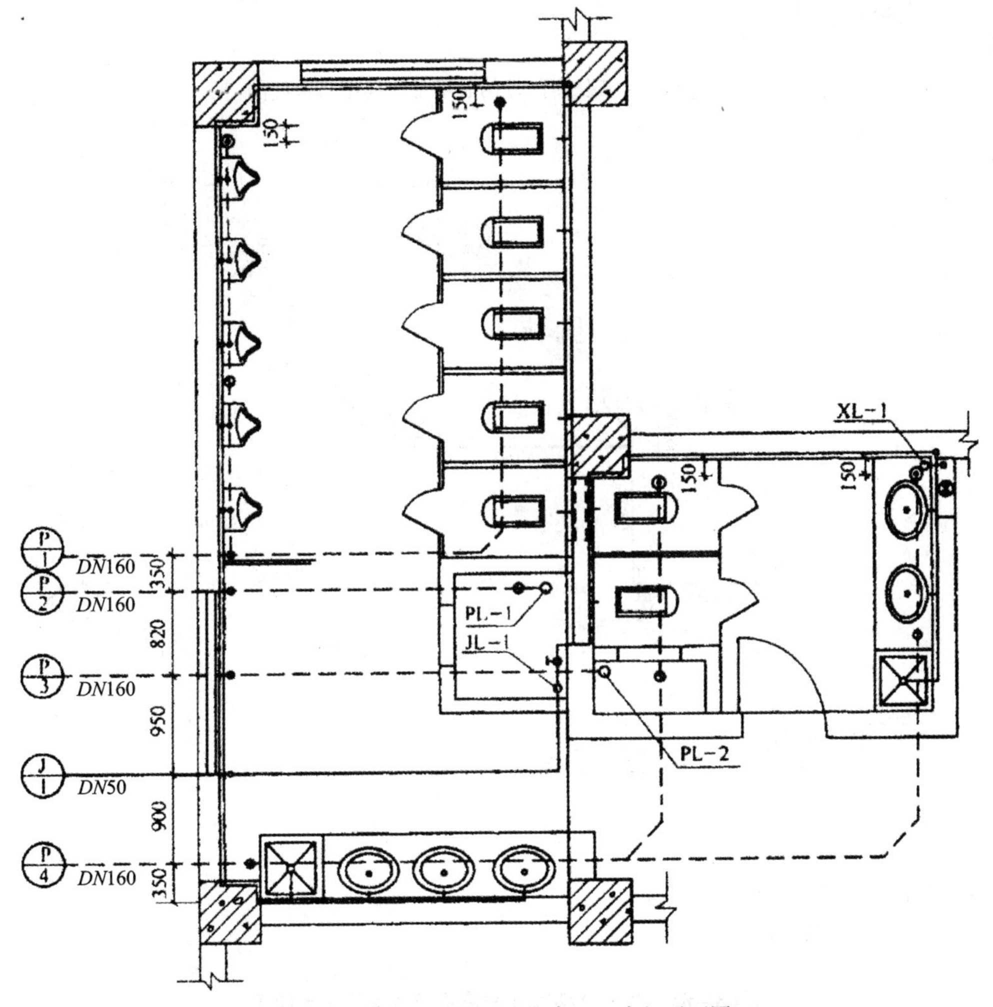

图3-59 某办公楼附楼的底层卫生间平面图

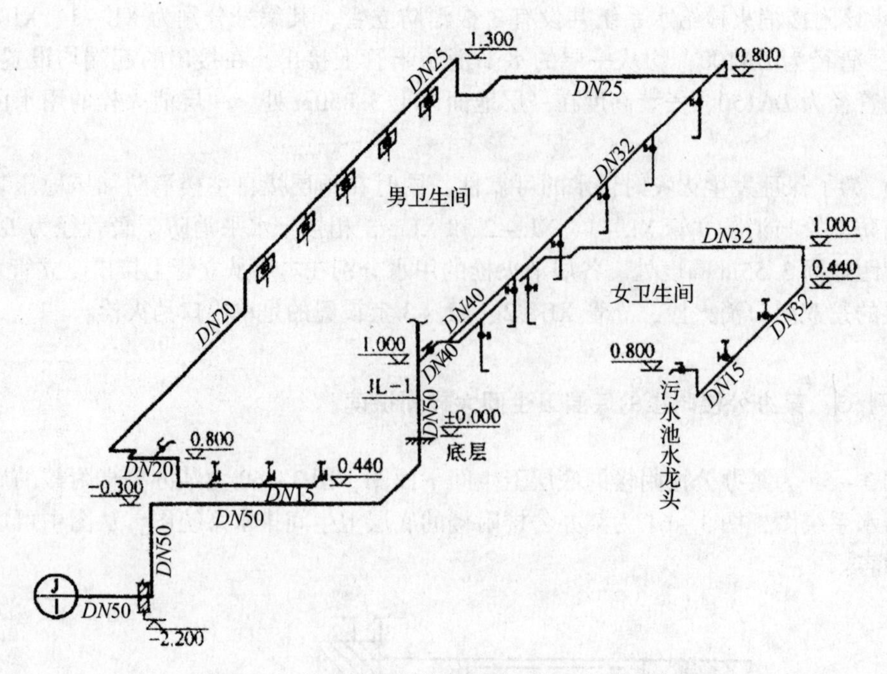

图 3-60　某办公楼附楼的底层卫生间给水系统图

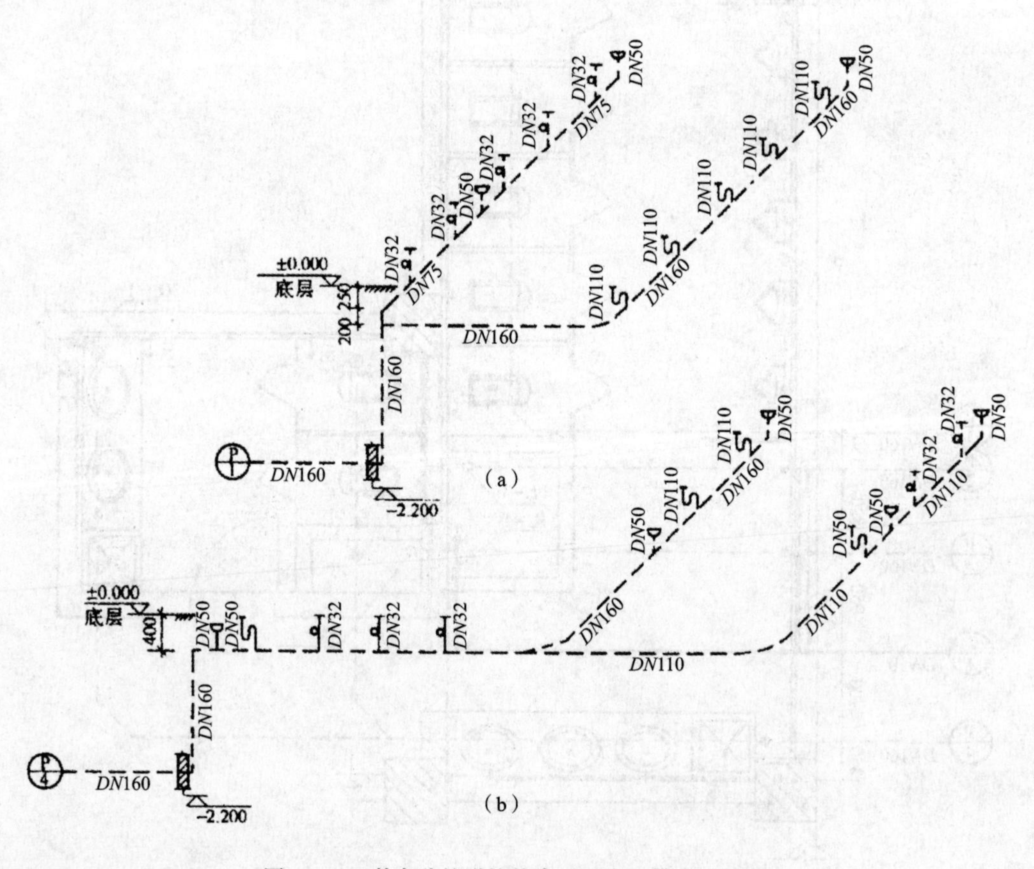

图 3-61　某办公楼附楼的底层卫生间排水系统图

1）男卫生间内还设有2个清扫口和3个地漏，女卫生间内还设有2个清扫口和两个地漏。清扫口均安装在排水横支管的起端，距墙150mm。

2）引入管$\frac{J}{1}$进入室内后，沿内墙壁向上、向右、向后进入管井，在管井向上接出给水立管JL－1（图3－60）。引入管的管径为DN50。在距底层地坪1m处，立管上接有一个管径为DN40的等径三通，引出底层的供水横支管，其管径为DN40，支管起端设置阀门。该支管转向右后分出两路水平支管，一路支管沿男卫生间四周墙壁供给男卫生间内各卫生器具用水，管径为DN40、DN32、DN25、DN20和DN15，管道均为暗装。先接5个蹲便器冲洗水管，采用延时自闭冲洗阀冲洗，然后接弯头向下、向左、向前、向左、向上、又向前，在距底层地坪1.3m处接5个壁挂式小便器冲洗水管。支管继续延续，下沉后向前、向右、向前、向右拐弯，在距底层地坪0.8m处接出一个污水池水龙头，再下沉后向右拐弯，在距底层地坪0.44m处接出3个水龙头给洗脸盆供水，该供水横支管到此结束。另一路支管沿女卫生间四周墙壁供给女卫生间内各卫生器具用水，管径为DN32和DN15，管道均为暗装。先接2个蹲便器冲洗水管，采用延时自闭冲洗阀冲洗，然后接弯头向右、向后，又向右延伸后下沉，在距底层地坪0.44mm处向前接出2个水龙头给洗脸盆供水，然后向上在距底层地坪0.8m处接出1个污水池水龙头。该供水横支管到此结束。

3）从图3－59上可以看出，管井内排水立管PL－1承接来自二楼以上各楼层男卫生间的污水，并由管径为DN160的排出管$\frac{P}{2}$排到室外；另一管井内排水立管PL－2承接来自二楼以上各楼层女卫生间的污水，并由管径为DN160的排出管$\frac{P}{3}$排至室外，底层污水则分别由管径为DN160的排出管$\frac{P}{1}$、$\frac{P}{4}$单独排出。男卫生间内5个小便器（管径为DN32）、1个清扫口（管径为DN50）和1个地漏（管径为DN50）的污水由一根排水横支管收集，该横支管的管径为DN75。男卫生间内5个蹲便器（图中为5个存水弯，管径为DN110）和另一个清扫口（管径为DN50）的污水由另一根排水横支管收集，该横支管管径为DN160。这两根排水横支管收集的污水均由排出管$\frac{P}{1}$承接并排至室外。连接各卫生器具的排水支管的管径详见图3－61（a）。女卫生间内1个清扫口、2个洗脸盆、1个地漏和1个污水池的污水由一根排水横支管收集；女卫生间内另外1个清扫口，2个蹲便器和另一个地漏的污水由另一根排水横支管收集。这两根排水横支管汇合后向左拐弯，又承接了男卫生间内3个洗脸盆、1个污水池和1个地漏的污水，经排出管$\frac{P}{4}$排至室外。连接各卫生器具的排水支管的管径详见图3－61（b）。

实例54：某办公楼附楼的标准层卫生间大样图识读

图3－62为某办公楼附楼的标准层卫生间平面图，图3－63为某办公楼附楼的标准层卫生间给水系统图，图3－64为某办公楼附楼的标准层卫生间排水系统图，从图中可以了解以下内容：

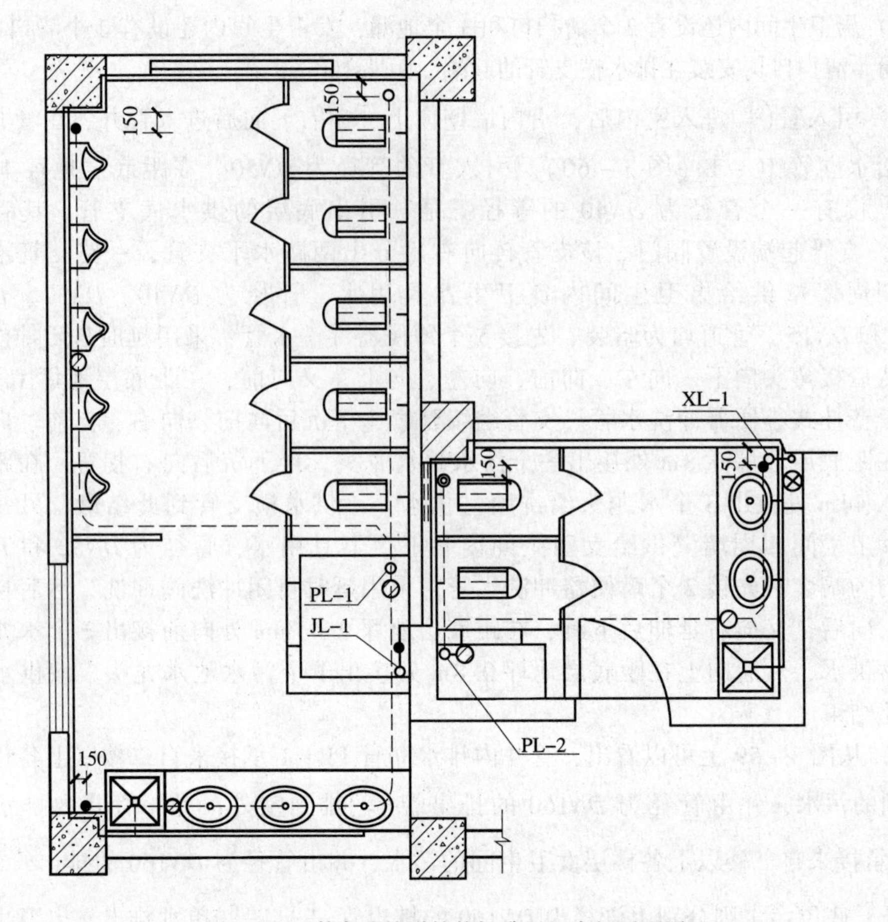

图3-62　某办公楼附楼的标准层卫生间平面图

1）标准层卫生间内给水管道的布置与底层基本相同，只是标准层看不到给水引入管，只能看到给水立管JL-1的平面。标准层的用水接自给水立管。

2）标准层卫生间内排水管道的布置则与底层不同。排水横支管以立管为界两侧各设一路，用四通与立管连接，并且接入口均设在楼面下方。男卫生间内1个清扫口和5个蹲便器的污水由一根排水横支管收集，管径为*DN*50和*DN*110；男卫生间内另外1个清扫口、5个小便器和1个地漏的污水由另一根排水横支管收集，管径为*DN*50和*DN*75。这两根排水横支管汇合后向前接入排水立管PL-1。男卫生间内1个清扫口、1个污水池、2个地漏和3个洗脸盆的污水由一根排水横支管收集，管径为*DN*75，同样接入排水立管PL-1。女卫生间1个清扫口、2个洗脸盆、1个污水池和1个地漏的污水由一根排水横支管收集，女卫生间内另外1个清扫口和2个蹲便器的污水由另一根排水横支管收集。这两根排水横支管汇合后向前接入排水立管PL-2，同时接入1个地漏的污水。

实例55：某大学教学楼卫生间给水排水施工图识读

图3-65为某大学教学楼卫生间给水排水施工图，从图中可以了解以下内容：

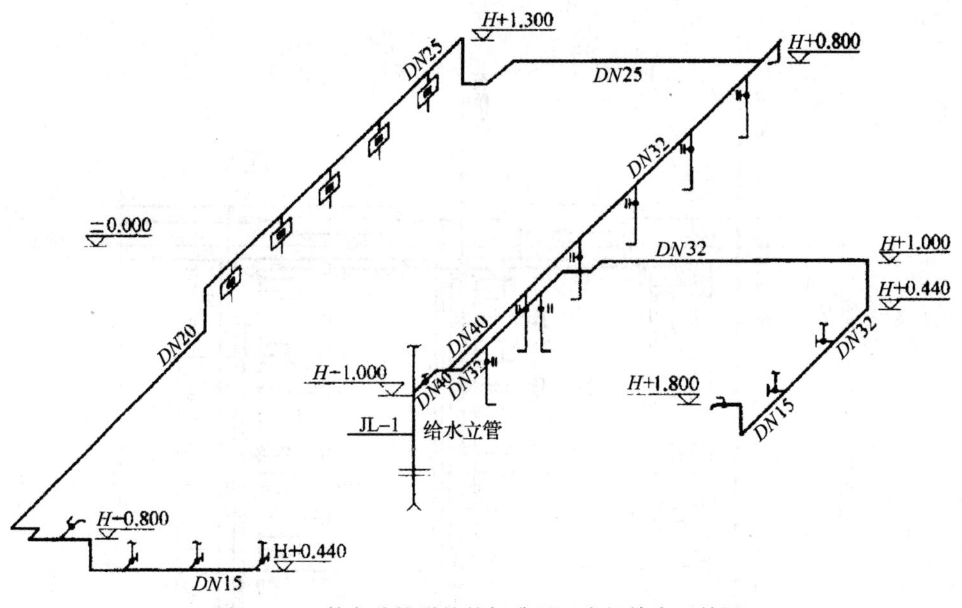

图 3-63 某办公楼附楼的标准层卫生间给水系统图

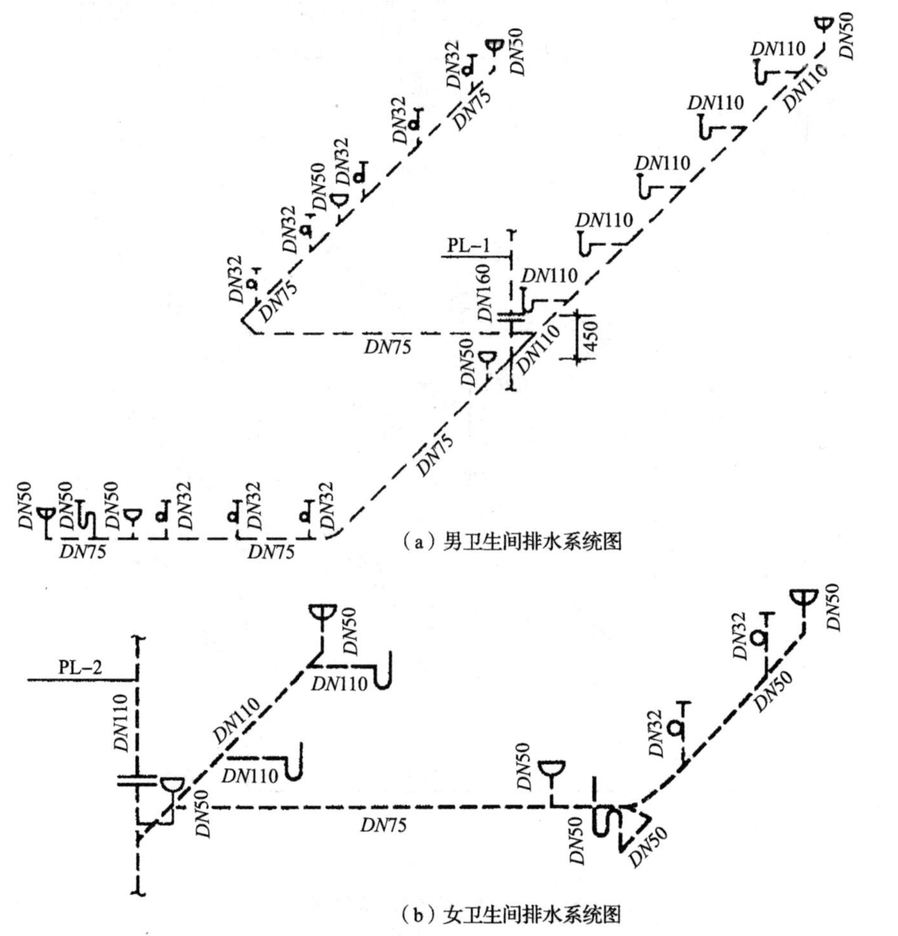

(a) 男卫生间排水系统图

(b) 女卫生间排水系统图

图 3-64 某办公楼附楼的标准层卫生间排水系统图

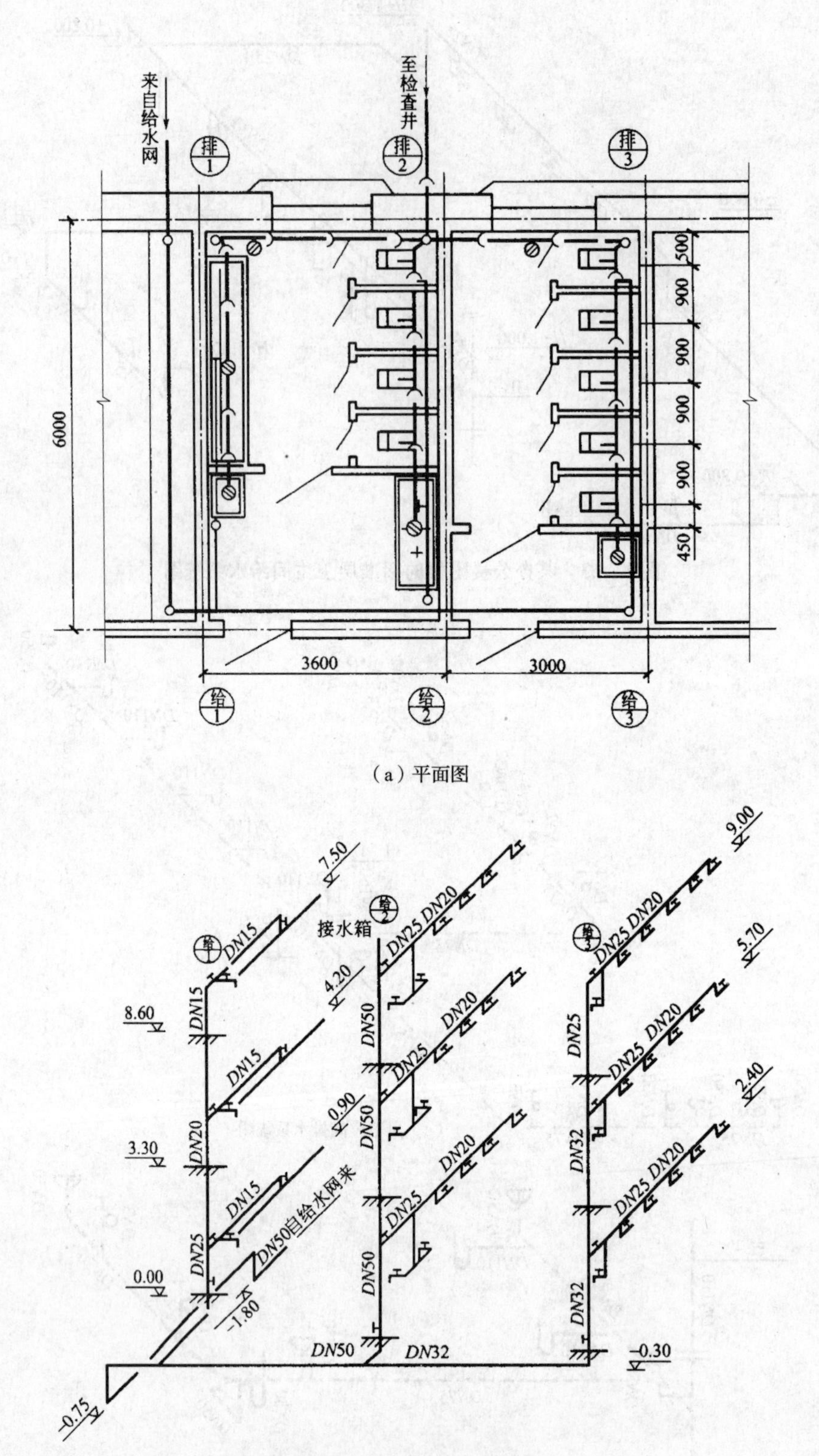

（a）平面图

（b）给水系统轴测图

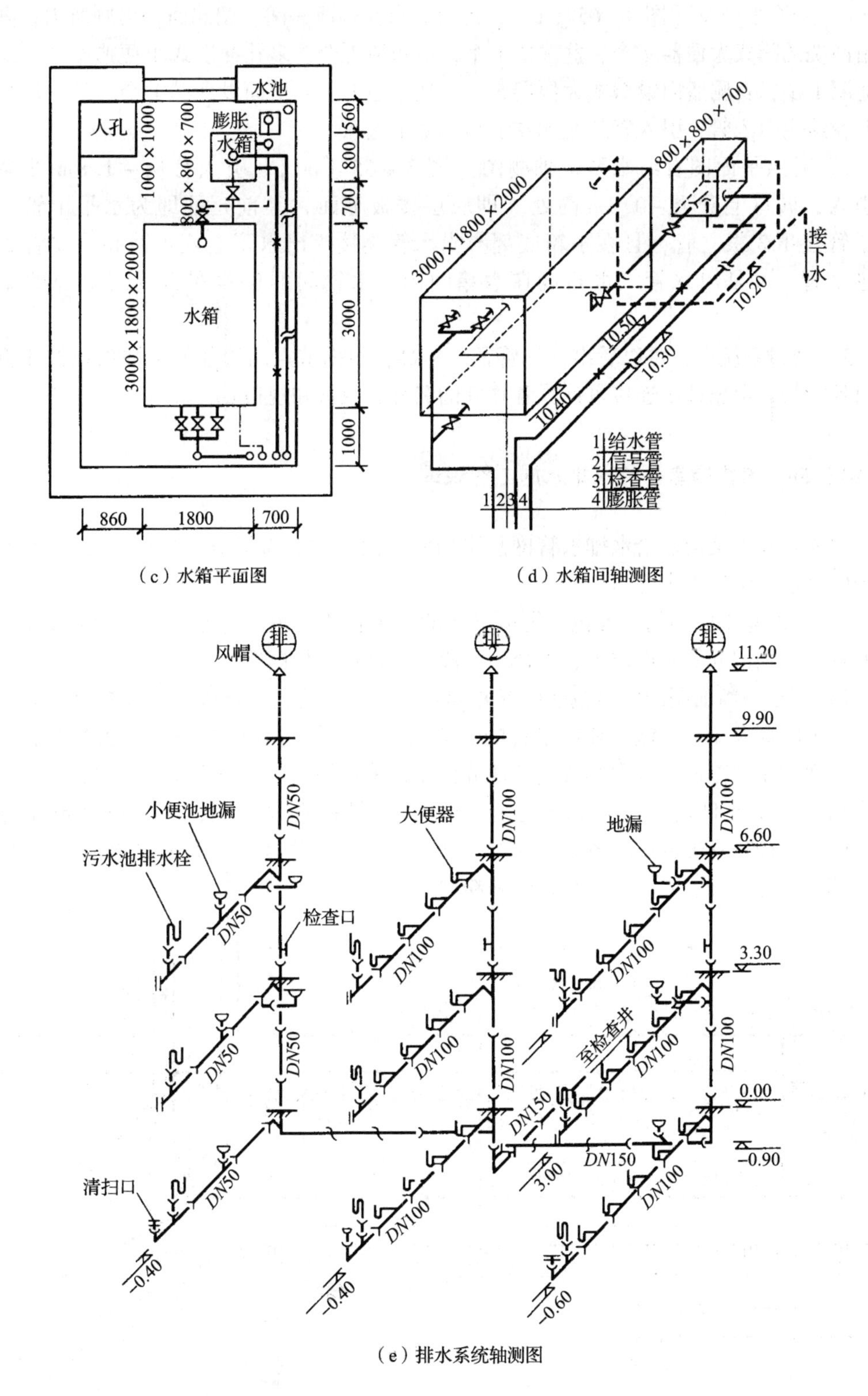

（c）水箱平面图

（d）水箱间轴测图

（e）排水系统轴测图

图 3-65　某大学教学楼卫生间给水排水施工图

1）先看平面图［图3－65（a）］，每层有男女厕所一间，朝北面，男厕所内设高位水箱冲洗的蹲式大便器4个，盆洗槽1个，拖布池1个，多孔冲洗式小便槽1个，地面设地漏1个，女厕所内设蹲式大便器5个，拖布池1个，地面设地漏1个。从一层平面图上看给水引入管，引入管从北侧左上角部底下进入。

2）对照平面图看给水系统轴测图［图3－65（b）］。引入管从－1.8m处穿外墙引入，转弯上升至－0.3m高处（即底层楼板下面）往前延伸即为水平干管，再由干管接出3根立管，且在水箱底部与出水管连接。出水管上装止回阀，立管2既是进水管，又是出水管。水箱设在水箱间内，水箱间的位置在男厕所上部的屋顶上。

3）通过系统图，可以看出各管管径、标高，根据节点间管径的标注可以按比例尺量出各管长，根据螺纹连接可计算各管件的名称、数量和规格。

实例56：某街道室外给水排水施工图识读

图3－66为某街道给水排水管网总平面图，图3－67为某街道污水干管纵断面图，从图中可以了解以下内容：

1）管网总平面图的内容包括街道下面的给水管道、污水管道、雨水管道、排水检查井及给水阀门井的平面位置、管径、管段长度及地面标高等。

2）管道纵断面图的内容包括检查井编号、高程、管径、坡度、地面标高、管底标高、水平距离及流量、流速和排水管的充满度等。通常将管道剖面画成粗实线，检查井、地面和钻井剖面画成中实线，其他分格线则采用细实线。还应注意不同管段之间设计数据和地质条件的变化。如1号检查井到4号检查井之间，干管设计流量$Q=76.9L/s$，流速$v=0.8m/s$，充满度$h/D=0.52$；1号钻井自上而下土层的构造分别为：黏砂填土、轻黏砂、黏砂、中轻黏砂和粉砂。

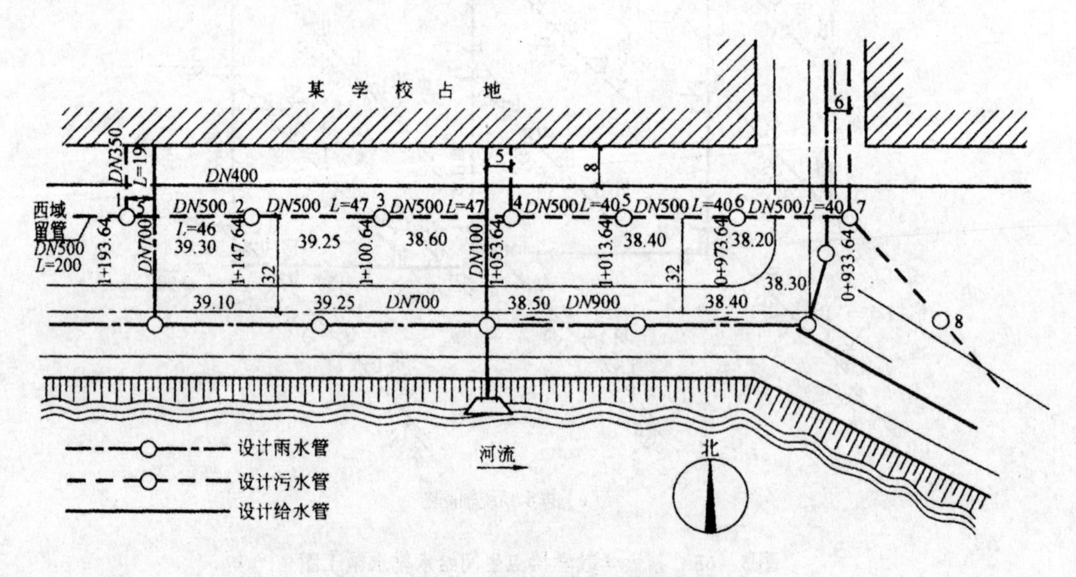

图3－66 某街道给水排水管网总平面图

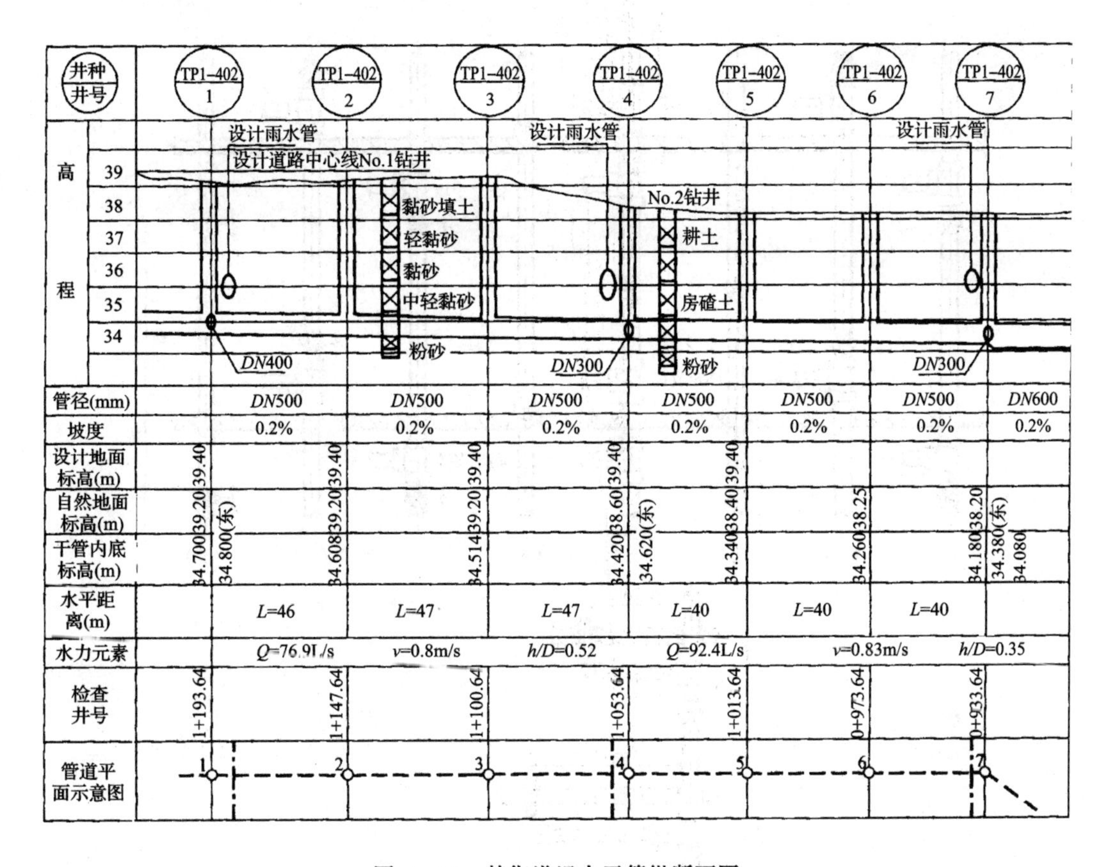

图 3－67　某街道污水干管纵断面图

实例 57：伸缩节安装图识读

图 3－68 为伸缩节安装图，从图中可以了解以下内容：

1）当层高小于或等于 4m 时，污水立管和通气立管应每层设一伸缩节，当层高大于 4m 时，应根据管道设计伸缩量和伸缩节确定最大允许伸缩量。伸缩节设置应靠近水流汇合的管件，并可按下列情况确定：

①排水支管在楼板下方接入时，伸缩节设置于水流汇合管件之下［见图（a）、（f）］。

②排水支管在楼板上方接入时，伸缩节设置于水流汇合管件之上［见图（b）、（g）］。

③立管上无排水支管接入时，伸缩节按设计间距可置于楼层任何部位［见图（c）、（d）、（e）、（h）］。

2）污水横支管、器具通气管、环形通气管上合流管件至立管的直线管段过长时，应设伸缩节，伸缩节之间最大间距不得超过 4m，横管上设置伸缩节应设于水流汇合管件上游端［见图（i）］。

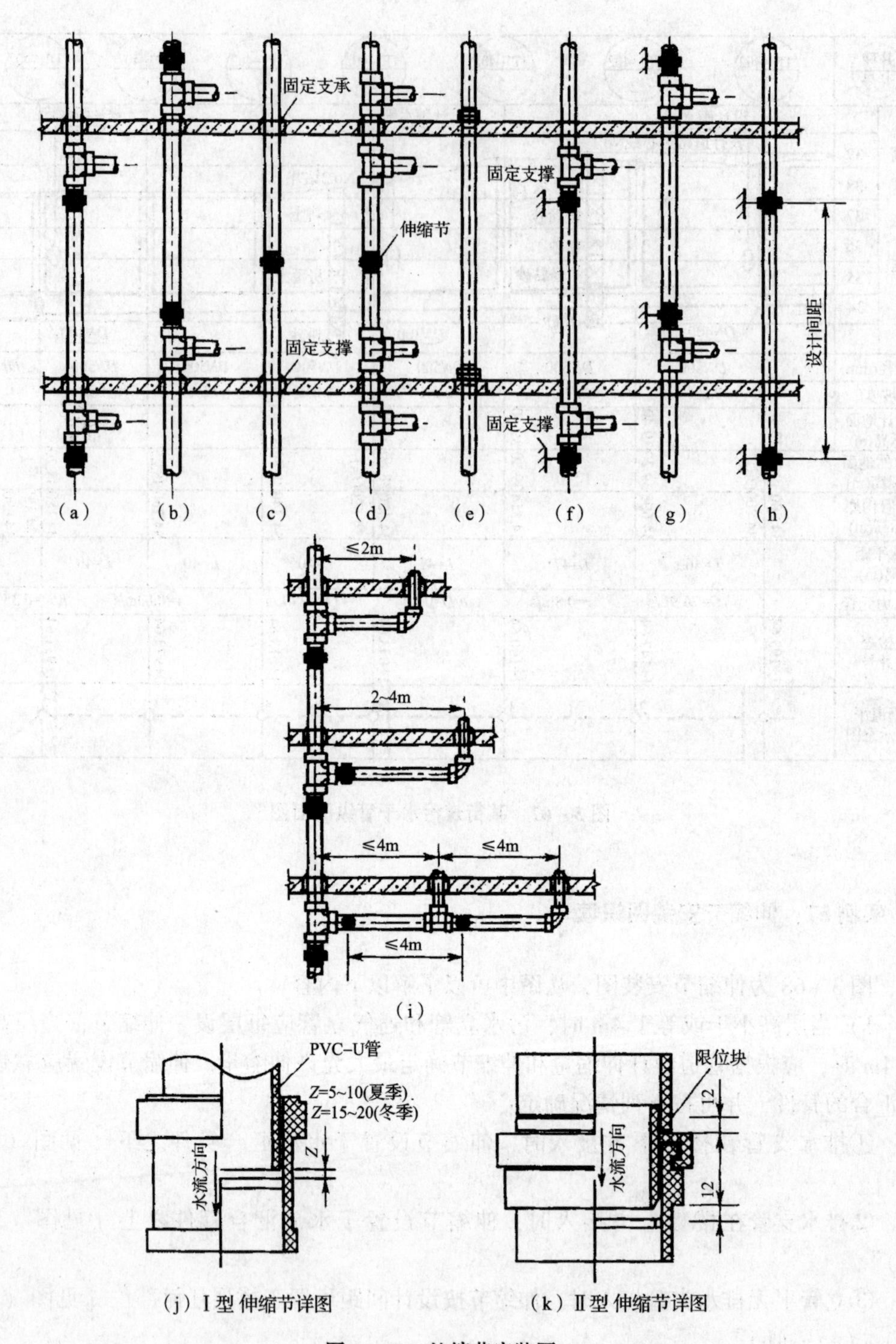

图3-68 伸缩节安装图

3）立管在穿越楼层处固定时，在伸缩节处不得固定；在伸缩节处固定时，立管穿越楼层处不得固定。

4）Ⅱ型伸缩节安装完毕，应将限位块拆除。

3.2 采暖工程图识读实例

实例 58：地下室采暖平面图识读

图 3－69 为地下室采暖平面图，从图中可以了解以下内容：

1）本采暖系统采用的是上供下回的系统形式，即供水干管设在三层屋顶（餐厅部分供水干管设在一屋屋顶），回水干管设在地下室。

2）供水、回水总管均设在Ⓒ轴南侧，⑤轴东侧。回水总管距⑤轴 1850mm，标高 －1. 35mm 供水总管距⑤轴 2150m，标高 －1. 15m。供水总管引入后向北分为两个部分，一部分过Ⓓ轴后，向西，过⑤轴后，设 1 根供水总立管，将供水送到三层的供水干管中，其管径为 70mm。另一部分，在接近Ⓓ轴处，向东，过⑦轴后设一根总立管，见图中(2总)，将供水送到一层餐厅的供水干管的管径为 25mm。

3）回水干管均设在地下室。为识读方便，将整个回水干管分为两个部分：

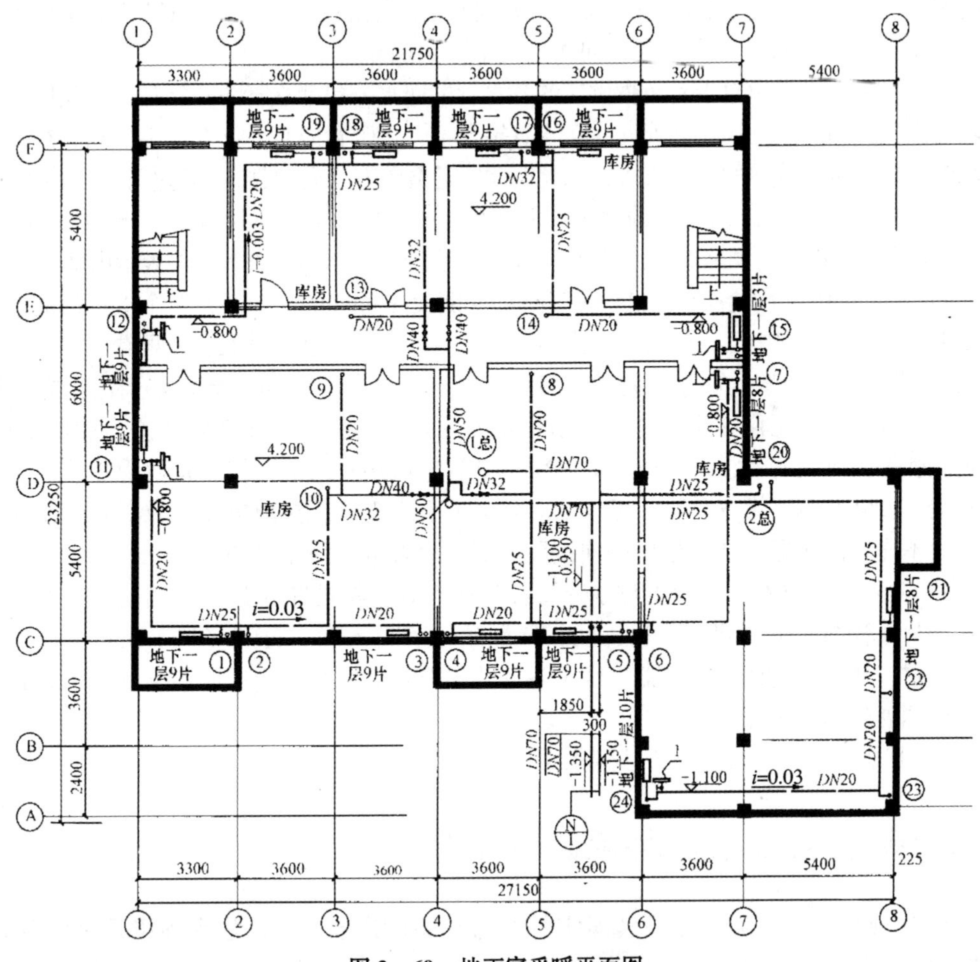

图 3－69 地下室采暖平面图

①第一部分是由供水总立管(1总)负责供水的各立管的回水，共包括19根立管，即立管①~立管⑲。在这一部分中又分为4个支路：

a. 第一支路，先在⑦轴西侧，Ⓔ轴南侧找到立管⑮。立管⑮下边接回水干管，干管先向西，再向北，向西。在⑤轴处，有立管⑭接入，然后干管向北，在靠近Ⓕ轴处，有立管⑯接入，向西，有立管⑰接入。继续向西，再向南。

b. 第二支路，先在①轴东侧，Ⓔ轴南侧找到主管⑫，立管⑫接入干管，干管向东，向北，再向东向北，向东。在③轴西侧接入立管⑲，③轴东侧接入立管⑱，继续向东，再向南，过Ⓔ轴后，立管⑬从西侧接入，然后向南，再向东，与第一支路汇合，一起向南。

c. 第三支路，先在Ⓔ轴南侧，⑦轴西侧找到立管⑦。立管⑦接入干管，向西，向南，靠近Ⓒ轴时，向西。在⑥轴东侧有立管⑥接入，⑥轴西侧有立管⑤接入。继续向西，过⑤轴后，与西侧连接立管④的干管汇合，一起向北。在接近Ⓓ轴时，又与北侧连接立管⑧的干管汇合，再一起向西，与连接一、二支管的干管汇合。

d. 第四支路，先在①轴东侧，Ⓓ轴北侧，找到立管⑪。立管⑪接入干管后，向东、向南，再向东。在②轴西侧有立管①接入，东侧有立管②接入。继续向东，在③轴西侧与东侧连接立管③的干管汇合，一起向北。在靠近Ⓓ轴处，与北侧连接立管⑩的干管汇合，一起向东，又与北侧连接立管⑨的干管汇合，共同向东，与连接一、二、三支管的干管汇合。

四个支管的回水汇合在一起，向南，向下，再向东。

②第二部分，是由总干管负责供应的各立管的回水，包括立管⑳~立管㉔。我们先在⑥轴东侧，Ⓐ轴北侧，找到立管㉔。立管㉔接入干管，干管向东，向北，再向东。在靠近⑧轴时，有连接立管㉓的干管接入，一起向北。过Ⓑ轴有立管㉒接入，过Ⓒ轴有立管㉑接入。继续向北后，向西，接近⑦轴时，有立管⑳接入，一起向西，过⑥轴后，与第一部分的回水汇合，一起进入回水总干管，向南。所有干管的管径、坡度均在图纸中表示出来。

4）地下室中，共设置5个自动排气阀，分别设在系统中第一部分四个支路的端点和第二部分的端点，图中已标注出来，找到立管⑮、⑫、⑦、⑪、㉔时，便可看到。

5）散热器的位置均在立管附近，只要找到各个立管，便可了解散热器的位置，同时在每组散热器处已用文字标注出该组散热器的片数。例如：在②轴西侧，Ⓒ轴北侧，找到立管①，可以看到，从立管①向西引出支管，连接一组散热器，片数为9片。在②轴东侧，Ⓒ轴北侧，有立管②，但未从立管②上引出支管，接散热器，说明立管②在地下室中不连接散热器，在其他层中连接散热器，读者可参照立管图。

6）此外，还可看到立管①与立管②有一点不同，就是在立管①东侧还有一根回水立管。从立管图中可看到，立管①从三层屋顶干管引入后，分别将热水供给三层、二层、一层、地下室的四组散热器，地下室散热器散热后的回水，经回水立管后，回到地下室屋顶处的回水干管中。

7）其他各个管可按上述方法逐个阅读。

实例59：某学校三层办公室的采暖平面图识读

图3－70~图3－72分别为某学校三层办公室的底层、标准层和顶层采暖平面图，从图中可以了解以下内容：

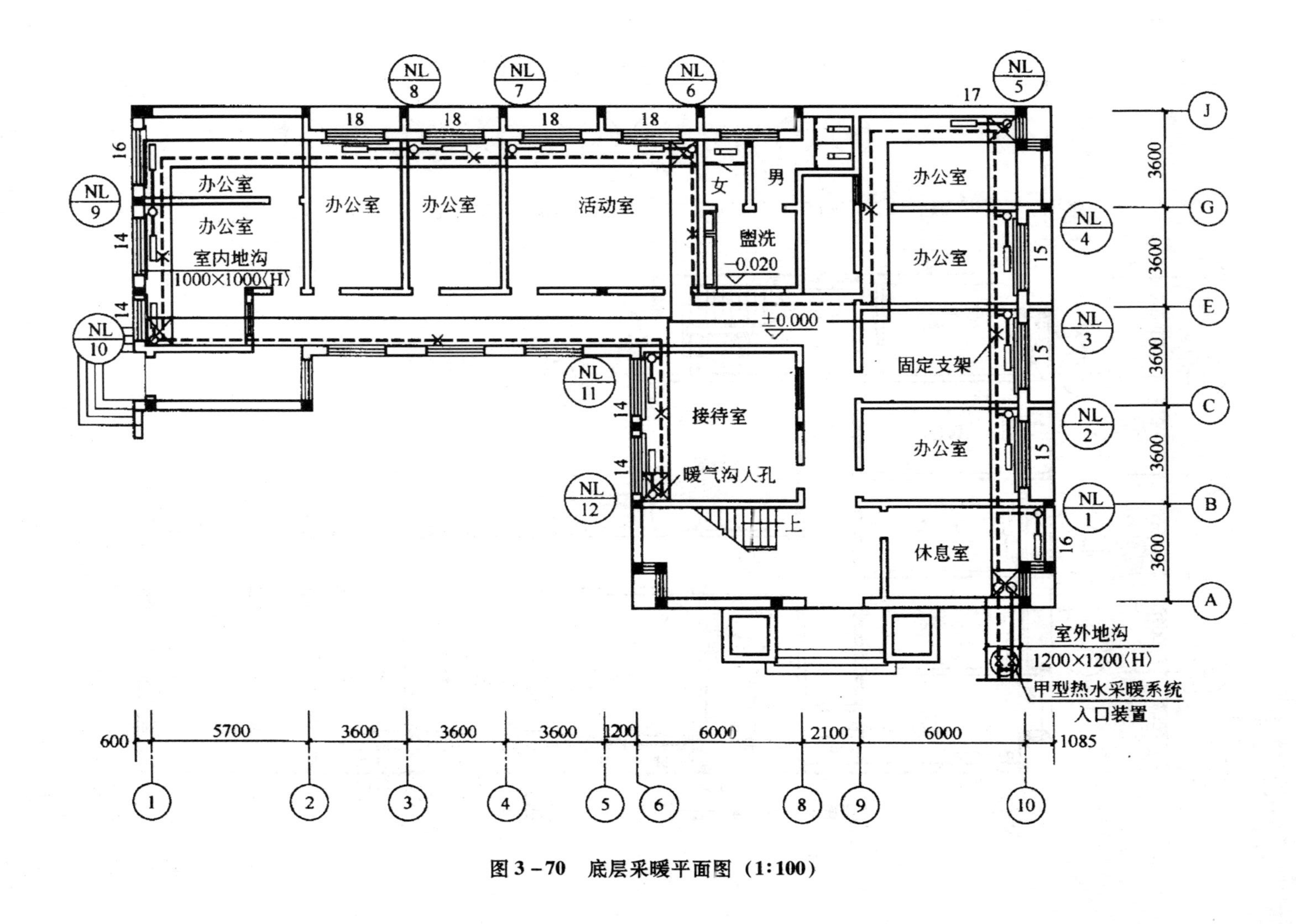

图3-70 底层采暖平面图（1:100）

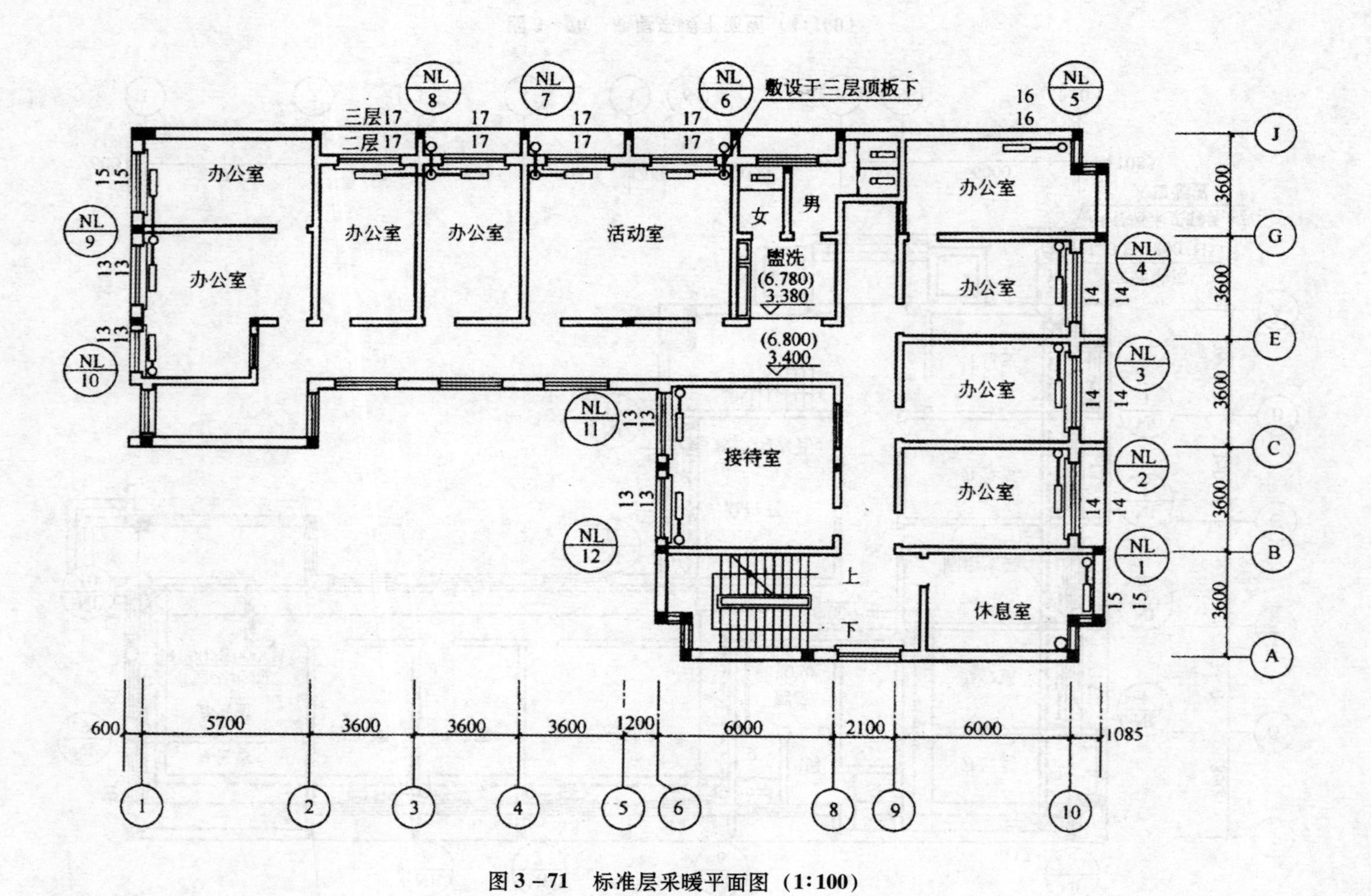

图3-71 标准层采暖平面图（1:100）

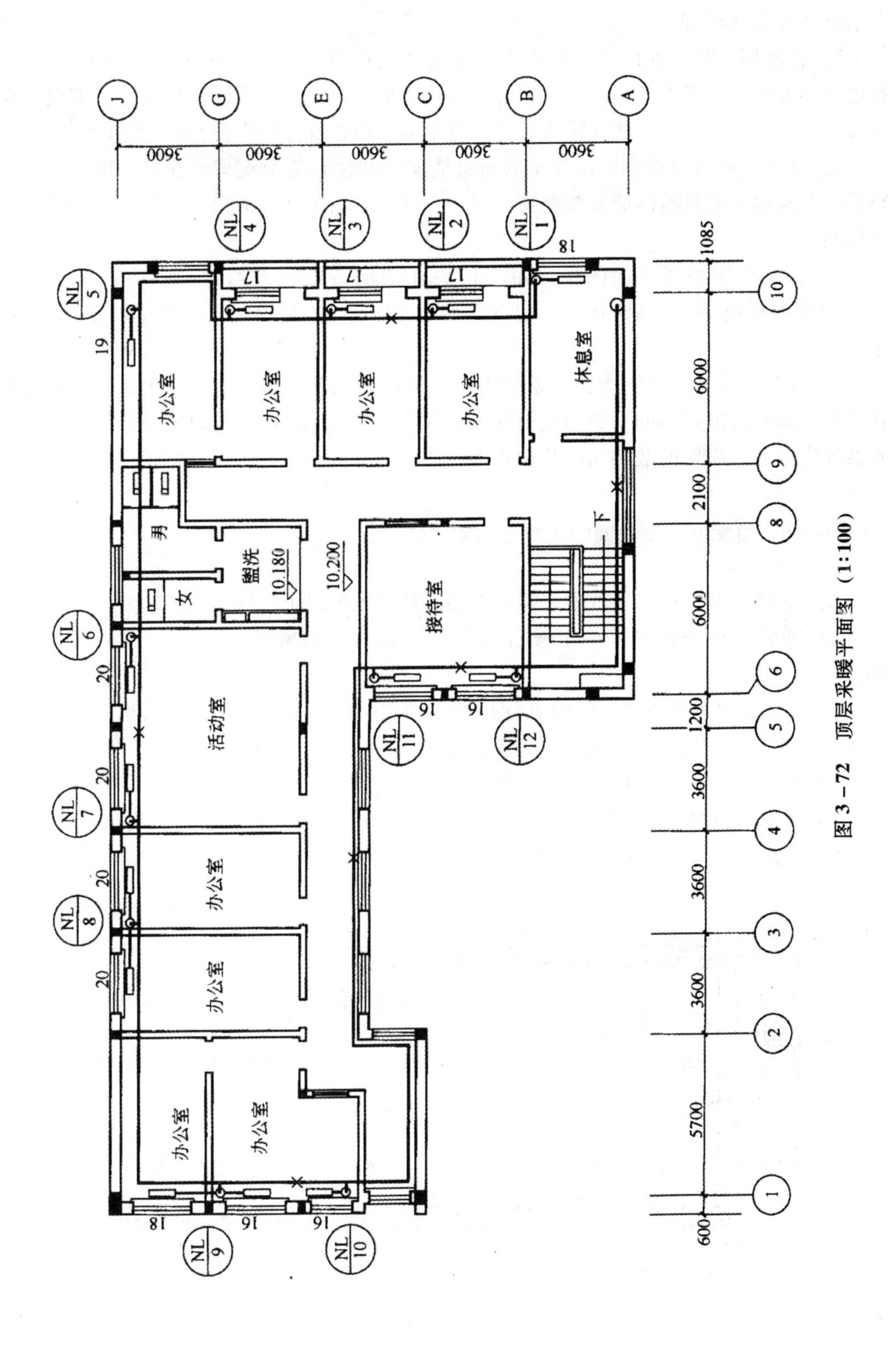

图3－72 顶层采暖平面图（1:100）

1）从底层平面图上看到该系统的热媒入口在房屋的东南角。图中表明了立管编号，本系统共有12根立管。

2）在底层采暖平面图中，回水干管安装在底层地沟内，室内地沟用细实线表示。粗虚线则表示的是回水干管。从图中还可以看到标注的暖气沟人孔的位置，分别设立在外墙拐角处，共有5个。暖气沟人孔的设置是为了检查维修的方便。

3）从图中还可以看到固定支架的布置情况，共设有7个支架。在每个房间设有散热器，散热器一般是沿内墙安装在窗台下，立管位于墙角处。散热器的片数由图中的数字标明。

4）在标准层采暖平面图中，由于顶层（四层）的北外墙向外拉齐，因此立管在三层到四层处拐弯，图中表示出此转弯的位置，并说明此管线敷设于三层顶板下。

5）在顶层采暖平面图中，用粗实线标明了供热干管的布置，以及干管与立管的连接情况。通过对散热器的平面布置情况以及散热器片数的识读，可以发现顶层散热器的片数比底层和标准层的散热器的片数要多一些。

实例60：某学校三层教室的采暖平面图识读

图3－73为某学校三层教室采暖平面图，从图中可以了解以下内容：

1）每层有6个教室，一个教员办公室，男、女厕所各一间，左、右两侧有楼梯。

2）由底层平面图可知，供热总管从中间进入后即向上行；回水干管出口在热水入口处，并能看到虚线表示的回水干管的走向。

3）由顶层平面图可知，水平干管左右分开，各至男厕所，末端装有集气罐。

4）各层平面图上标有散热器片数和各立管的位置。散热器均在窗下明装。

5）供热干管在顶层上，说明该系统属上供下回式。

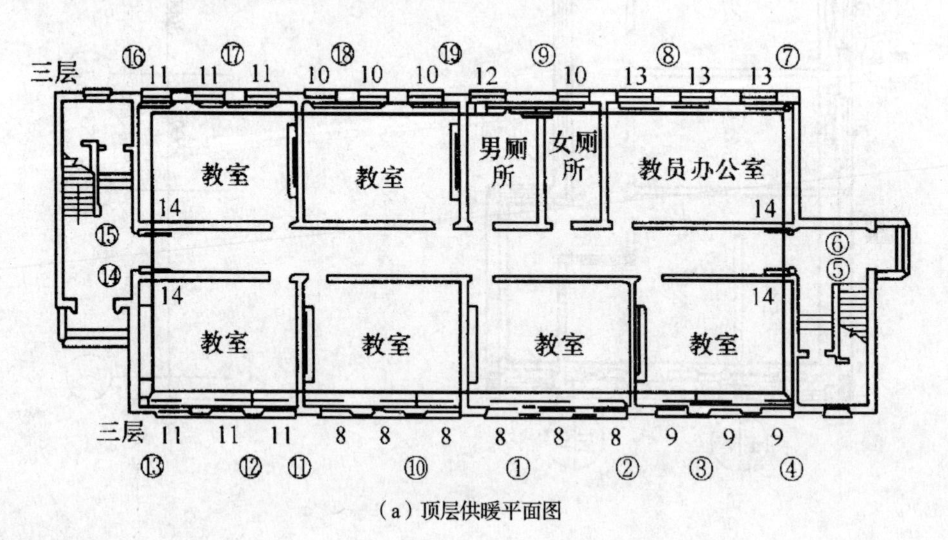

（a）顶层供暖平面图

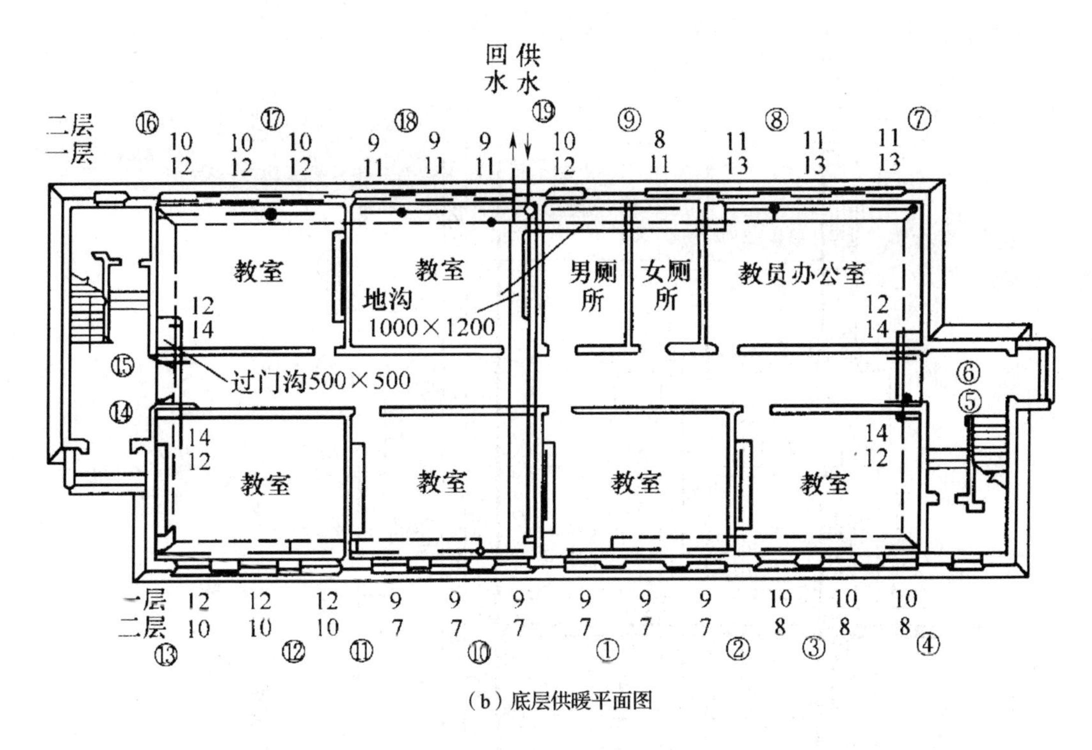

（b）底层供暖平面图

图 3－73 某学校三层教室采暖平面图

注：散热器型号为铸铁柱形 M132 型。

实例 61：首层暖气平面图识读（一）

图 3－74 为首层暖气平面图（一），从图中可以了解以下内容：

1）暖气入口是从⑥～⑦轴之间北面入口，供、回水的管径均为 *DN*50，供水管标高 －1.400，回水管标高 －1.700。

2）入户后，供水干管的南、北两端各有一个总立管，也就是说供水干管走顶层，回水干管走底层。

3）阅读底层回水干管的平面布置、各段管子的管径和标高、截门、固定支架等。

4）立管的分布情况是：北面有 L_1 至 L_{10}，南面有 L_{11} 至 L_{20}。

5）散热器的位置和暖器片长度，如 1.4×2 表示暖气片长 1.4m，2 代表双排。L_3、L_4、L_8、L_9、L_{13} 和 L_{18} 带的散热器是光管散热器。

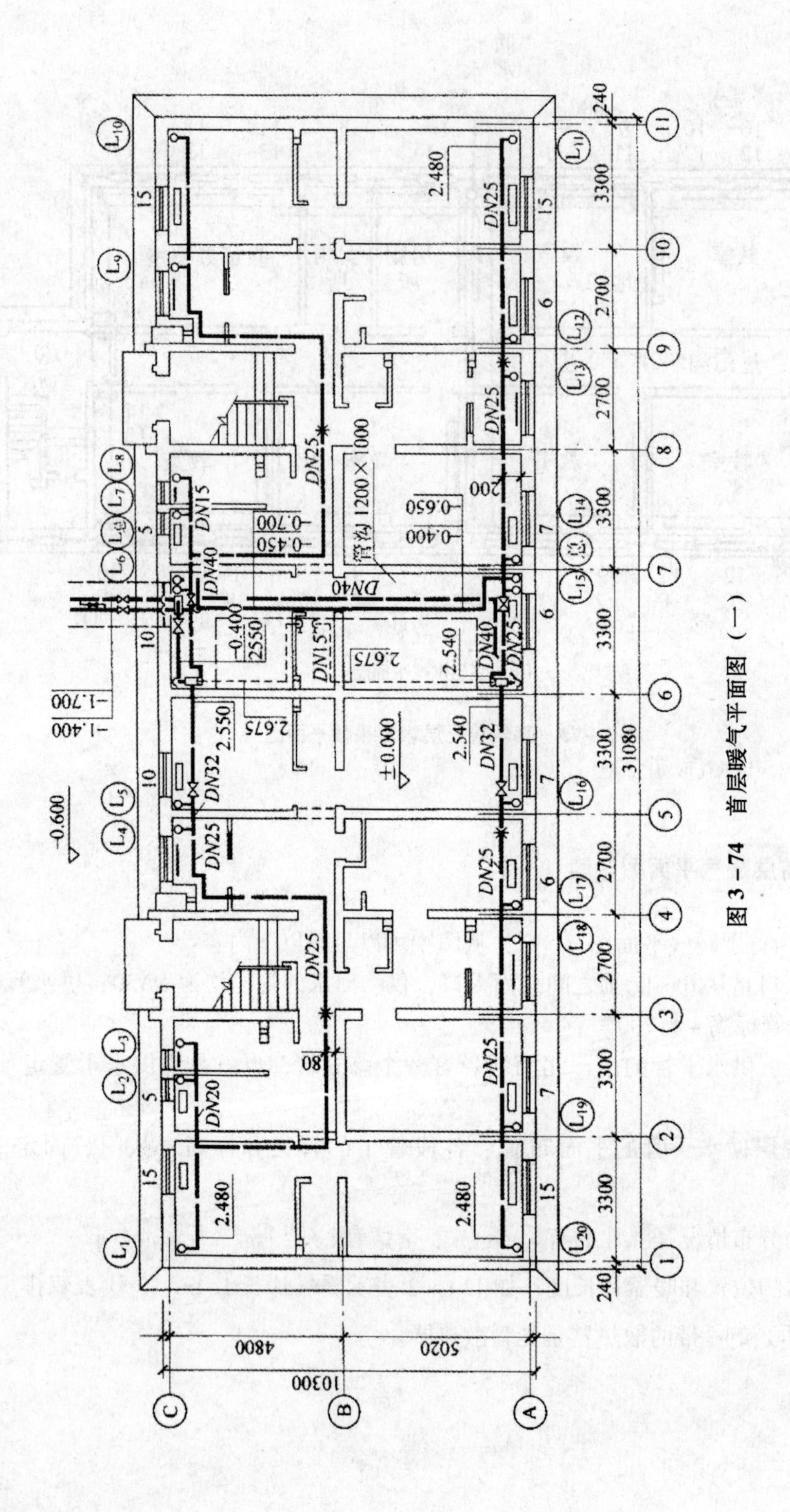

图 3-74　首层暖气平面图（一）

实例62：首层暖气平面图识读（二）

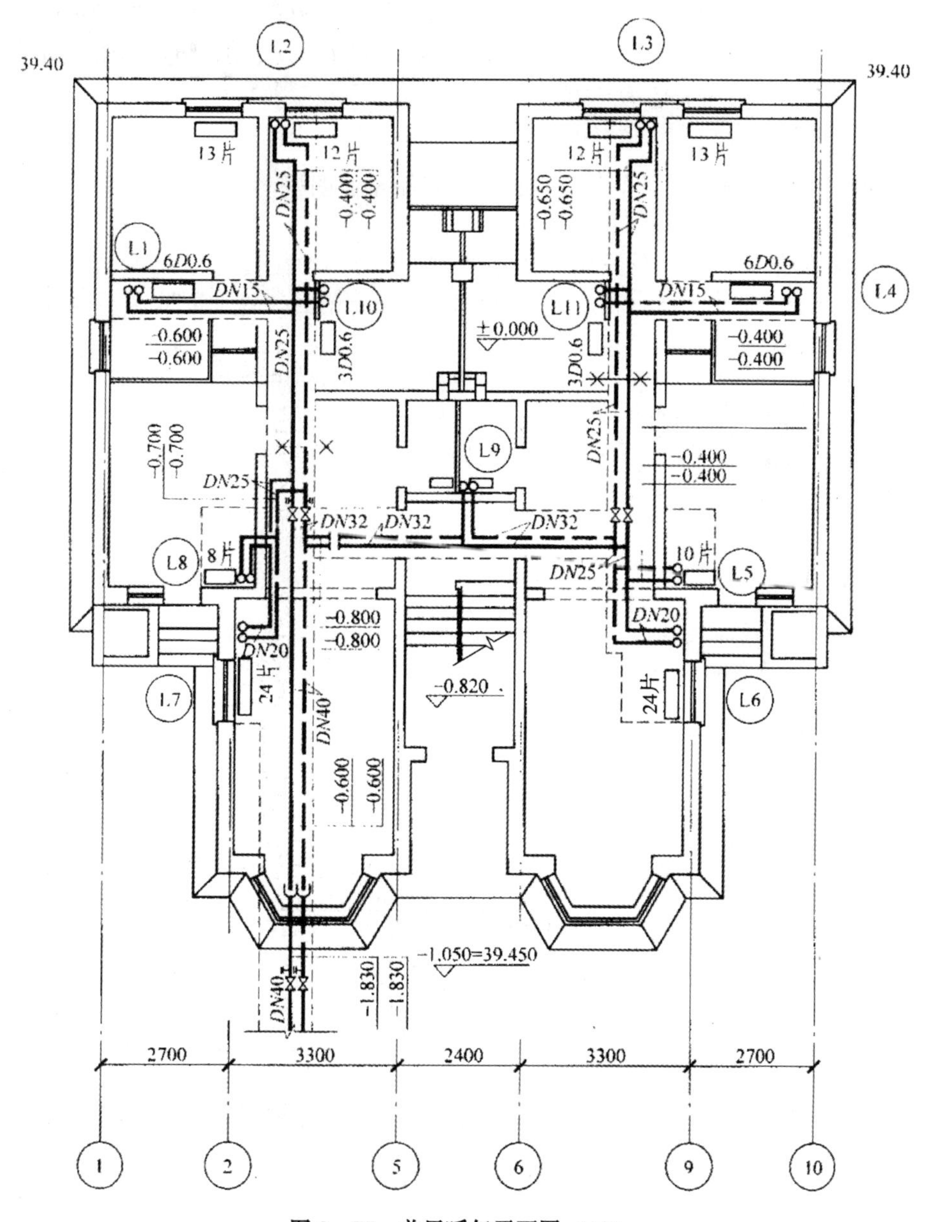

图3-75 首层暖气平面图（二）

图3-75为首层暖气平面图（二），从图中可以了解以下内容：

1）暖气入口在南面左突窗处，两条平行管线中粗实线表示供水干管，粗虚线表示回水干管，两条管线的管径均为*DN*40，柱高为-1.830m。

2）入户后两根管线均抬头至-0.600m，管径仍为*DN*40。

3）阅读管线的平面布置，沿干管和各支管分别找到管径和标高，以及管道附件如截门、固定支架等。

4）本系统共有11组立管，每组立管有两根，一根是供水立管，一根是回水立管，用Ⓛ1、Ⓛ2、……表示。

5）每组立管带一组或两组散热器，四柱散热器以片数表示，如北面四组是12片和13片两种。闭式散热器以长度表示。如3*D*0.6和6*D*0.6，*D*表示型号，0.6表示散热器长是0.6m，Ⓛ9号立管带光管散热器。

实例63：某建筑物一层设备的集中式空调系统平面图识读

图3-76为某建筑物一层设备的集中式空调系统平面图，从图中可以了解以下内容：

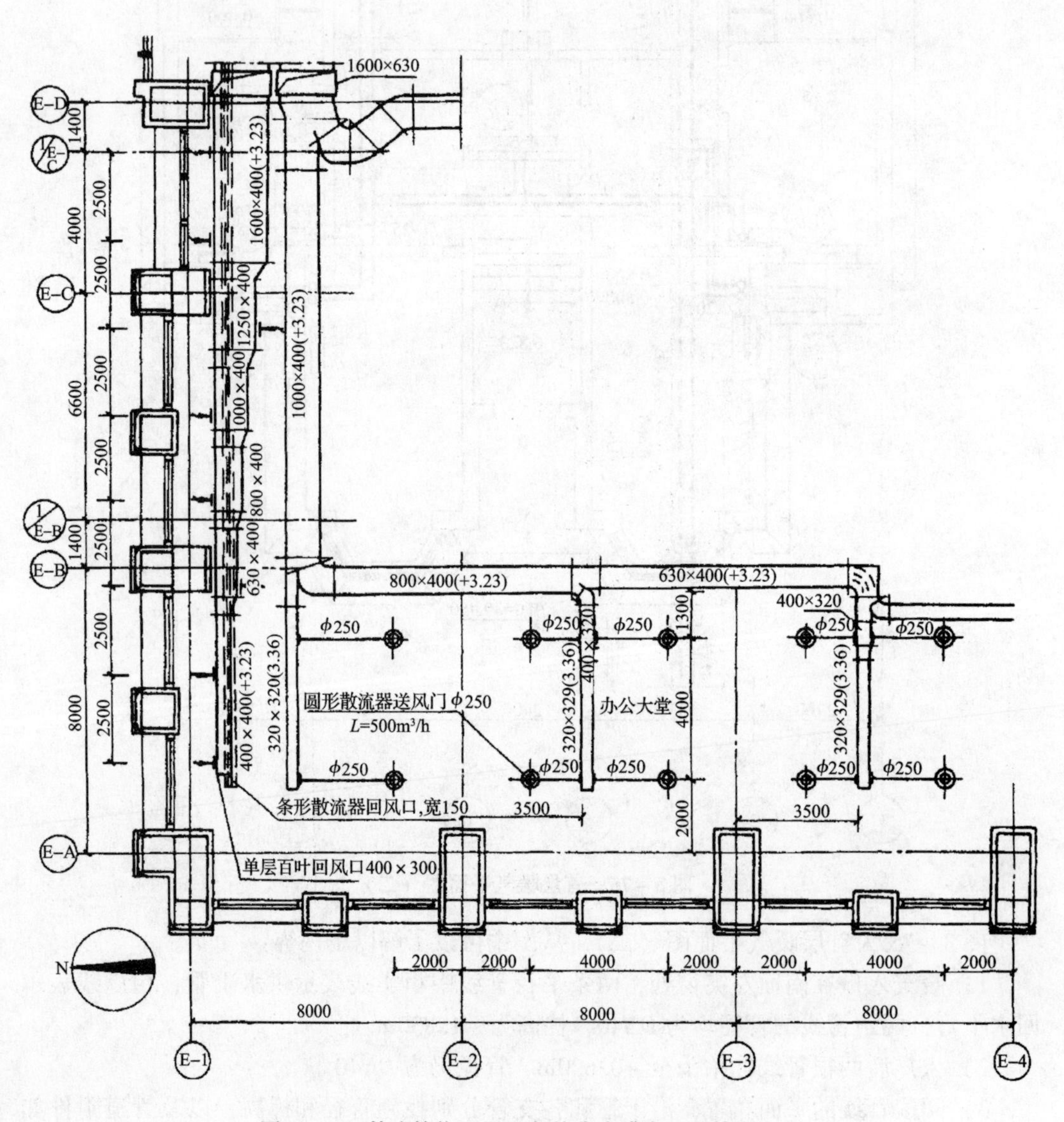

图3-76　某建筑物一层设备的集中式空调系统平面图

1）此建筑物一层为办公大堂，空调系统为集中式全空气空调系统，空调机房设在建筑物二层，处理后的空气由二层经竖井风道送入一层，一层的气流组织主要为圆形散流器顶送，吊顶条形散流器顶部回风和单层百叶回风，回风经风道再回到二层机房。

2）送风：从图上所示分支看出：由(E–D)轴东侧的竖井风道 1600mm×630mm，引出断面尺寸为 1000mm×400mm 的风管，标高 +3.23m；末端风管为 320mm×320mm，标高 +3.36m。分支管路上设置有圆形散流器送风口，ϕ250，$L=500\text{m}^3/\text{h}$，共 10 个。其他分支略。

3）回风：一层的回风管道设在办公大堂的北侧，吊顶上设置条形散流器回风口，宽 150mm；同时设置单层百叶回风口 400mm×300mm，共 8 个，回风经管道送入 1600mm×630mm 的竖井风道。

实例 64：某建筑物标准层设置的半集中式空调系统平面图识读

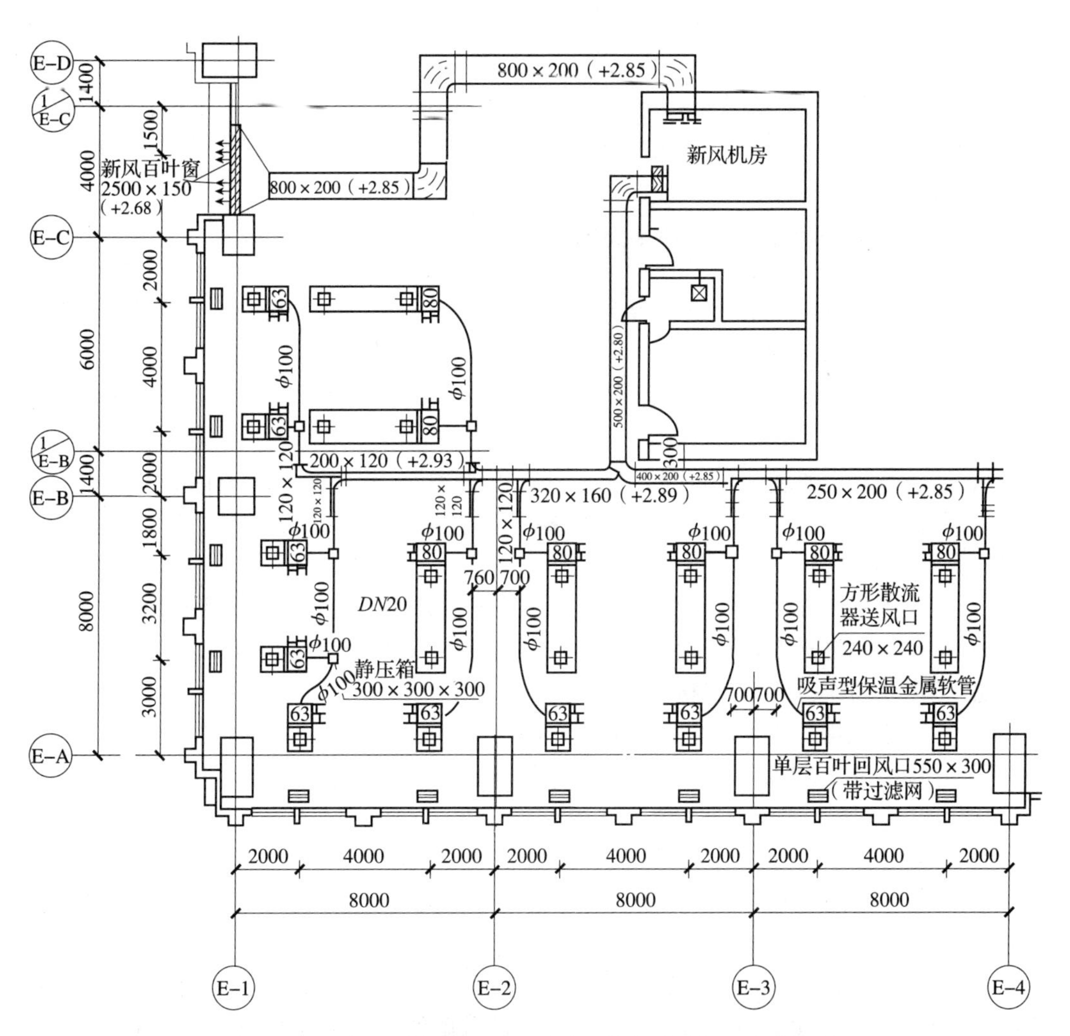

图 3－77　某建筑物标准层设置的半集中式空调系统平面图

图3－77为某建筑物标准层设置的半集中式空调系统平面图，从图中可以了解以下内容：

1）此建筑标准层空调系统采用风机盘管加新风系统，逐层设置新风机组，处理风量为$L=4000m^3/h$。

2）新风系统采用新风百叶窗进风，在(E－C)轴和(1/E－C)轴之间，尺寸为2500mm×150mm，底标高为+2.68mm。新风管道断面尺寸为800mm×200mm，底标高为+2.85m。新风由管道进入新风机房，经过新风机组处理（过滤、加热或冷却、加湿、消声）后，经风道送入各个空调房间，保证房间的新风和湿度要求。

3）从新风机房送出的新风管道，断面尺寸为500mm×200mm，底标高为+2.80m，送至各空调房间，末端管道断面尺寸为120mm×120mm。设置300mm×300mm×300mm的静压箱，接直径为100mm的圆形风管。在各空调房间设有风机盘管，利用方形散流器送风口240mm×240mm送风，利用单层百叶回风口550mm×300mm回风。室内空气由回风口进入吊顶，经过风机盘管处理（加热或冷却）后，由送风口送入室内，不断循环往复，以保证室内的设计温度要求。

4）房间的风机盘管是根据室内的设计负荷确定。本图所示的工程风机盘管为卧式安装型，风机盘管型号为FP6.3AW，FP指风机盘管机组，6.3指名义风量，即风量为$6.3\times100m^3/h=630$（m^3/h），A指暗装，W指卧式。

实例65：某办公大厦采暖管道平面图、系统图识读

图3－78为某办公大厦采暖管道平面图，图3－79为某办公大厦采暖管道系统图，从图中可以了解以下内容：

1）该办公大厦总长为30m，总宽为13.2m，水平建筑轴线为①～⑪，竖向建筑轴线为Ⓐ～Ⓕ。

2）该建筑物坐北朝南，东西方向长，南北方向短，建筑出入口有两处，其中一处在⑩、⑪轴线之间，并设有通向二楼的楼梯，另一处在Ⓒ、Ⓓ轴线之间。每层有11个房间，大小面积不等。

3）该大厦所用散热器为四柱型，其中二楼的散热片为有脚的。系统内全部立管的管径为*DN*20，散热器支管管径均为*DN*15。水平管道的坡度均为$i=0.002$，管道油漆的要求是一道醇酸底漆，两道银粉漆。

4）除在建筑物两个入口处散热器布置在门口墙壁上外，其余散热器全部布置在各个房间的窗台下，散热器的片数都标注在散热器图例内或边上，如107房间两组散热器均为9片，207房间两组散热器均为15片。

5）由图3－79可知，该大厦为双管上分式热水采暖系统，热媒干管管径为*DN*50，标高－1.400，由南向北穿过Ⓐ轴线外墙进入111房间，在Ⓐ轴线和⑪轴线交角处登高，在总立管安装阀门。

6）本例总立管登高至二楼6.00m，在顶棚下面沿墙敷设，水平干管的标高以⑪、Ⓕ轴线交角处的6.280m为基准，按$i=0.002$的坡度和管道长度进行计算求得。干管的

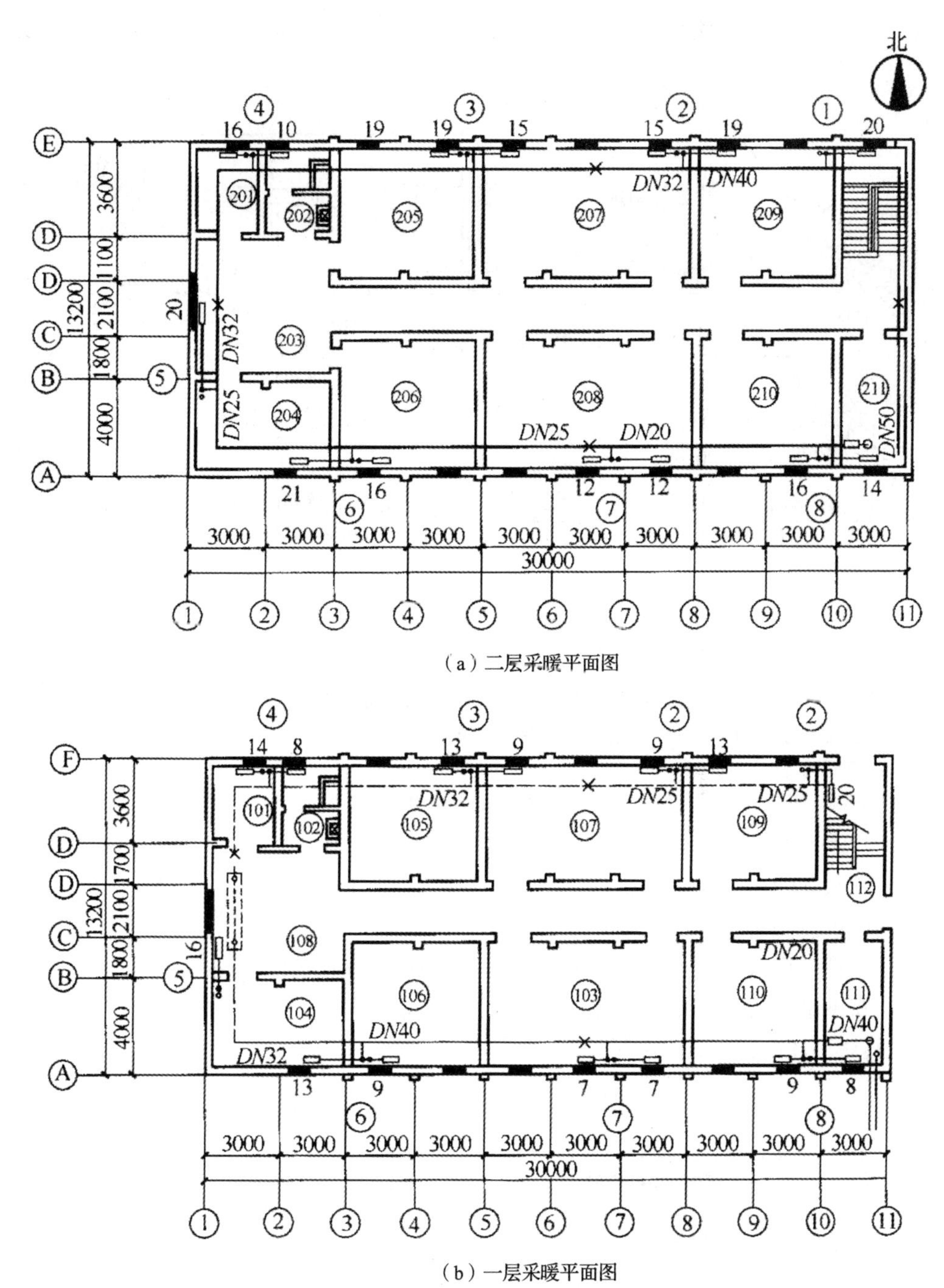

（a）二层采暖平面图

（b）一层采暖平面图

图 3-78 某办公大厦采暖管道平面图

管径依次为 *DN*50、*DN*40、*DN*32、*DN*25 和 *DN*20。通过对立管编号的查看，一共 8 根立管，立管管径全部为 *DN*20，立管为双管式，与散热器支管用三通和四通连接。回水干管的起始端在 109 房间，标高 0.200m，沿墙在地板上面敷设，坡度与回水流动方向同向，水平干管在 109 房间过门处，返低至地沟内绕过大门，具体走向和做法在系统图有所表示。回水干管的管径依次为 *DN*20、*DN*25、*DN*32、*DN*40、*DN*50，水平管在 111 房间返低至 -1.400m，回水总立管上装有阀门。

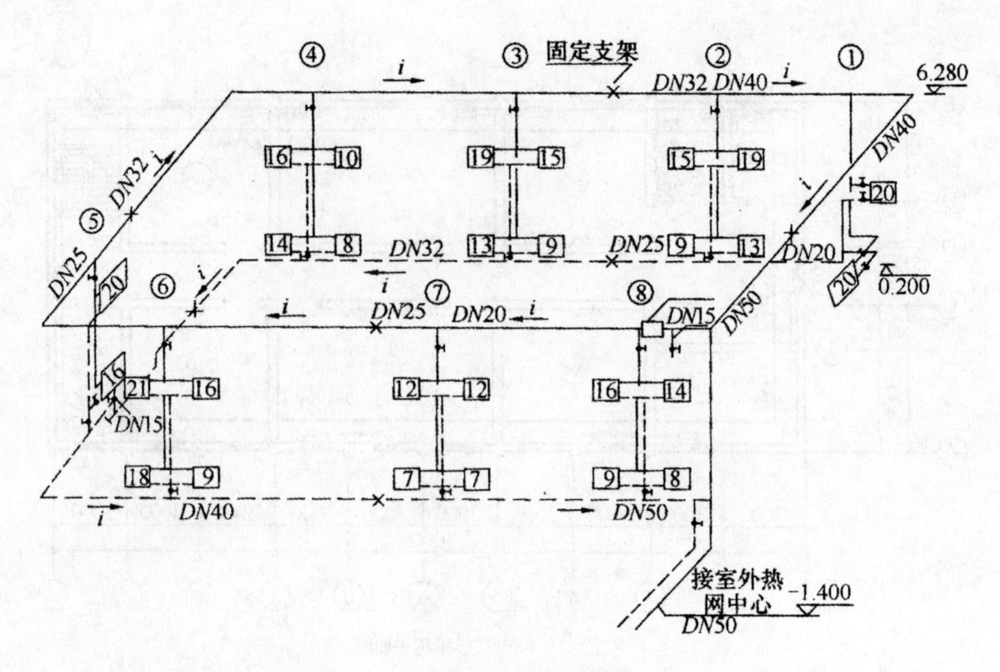

图 3-79　某办公大厦采暖管道系统图

注：1. 全部立管管径均为 DN20，接散热器支管管径均为 DN15。

2. 管道坡度为 $i=0.002$。

3. 散热器为四柱型，二层楼的散热器为有脚的，其余均为无脚的。

4. 管道应刷一道醇酸底漆，两道银粉。

7）供水立管始端和回水立管末端都装有控制阀门（1 号立管上未装，装在散热器的进出口的支管上）。

8）干管上设有固定支架，供水干管上有 4 个，回水干管上有 3 个。

9）在供水干管的末端设有集气罐（在 211 房间内），为横式Ⅱ型，集气罐需加工制作，其加工详图如图 3-80 所示。

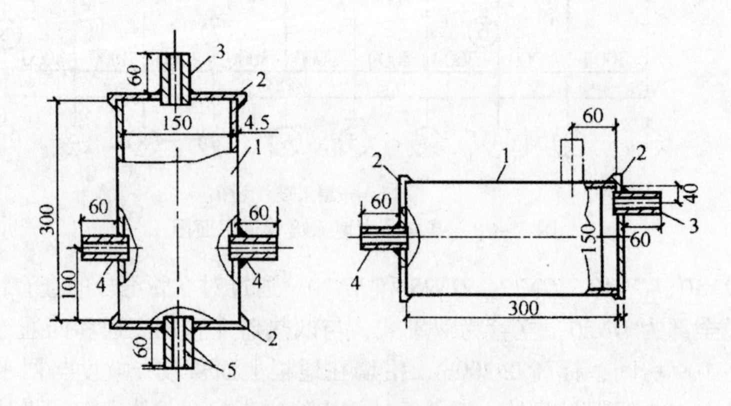

图 3-80　集气罐构造

1—外壳；2—盖板；3—放空气管；4—供水干管；5—供水立管

实例 66：某办公楼室外供暖管道平面图识读

图 3－81 为某办公楼室外供暖管道平面图，从图中可以了解以下内容：

1）该室外供暖管道的供热水管和回水管平行布置。

2）管路从检查室 3 开始向右延伸至检查室 4，经检查室 4 向右经补偿器井 6，再转向南至检查室 5，继续向南。

3）管道的平面布置从图上的坐标可看出具体位置。平面图上还可看到设计说明、固定支架、波纹管补偿器、从检查室引出支管经阀门通向供暖用户。

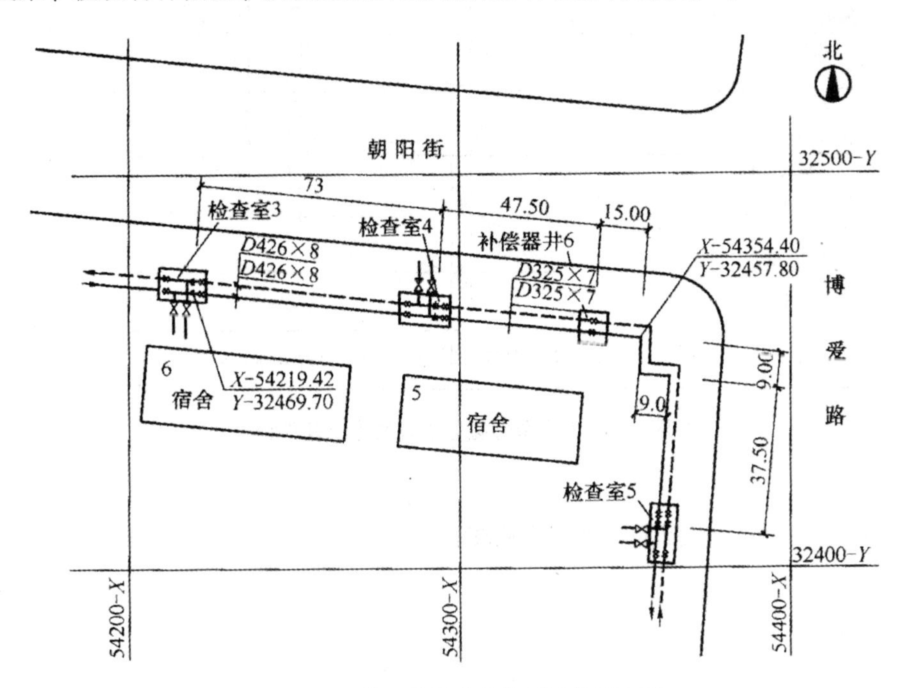

图 3－81　某办公楼室外供暖管道平面图

注：1. 管道采用直埋敷设；

2. 管道采用波纹管补偿器，用“—ꝏ—”表示；

3. 固定支架用“GZ”表示；

4. 图中尺寸均以“m”计算。

实例 67：某办公楼室外供暖管道纵断面图识读

图 3－82 为某办公楼室外供暖管道纵断面图，从图中可以了解以下内容：

1）以检查室 3 为例，节点编号 J49，距热源出口距离为 799. 35m，地面标高为 150. 21m，管底标高为 148. 12m，检查室底标高为 147. 52m；其他检查室读法相同。

2）到检查室 4 距离为 73. 00m，管道坡度为 0. 008，左低右高，管径为 426mm，壁厚为 8mm，保温外径为 510mm；其他管段读法相同。

3）图上还标有固定支座推力、标高、坐标、管道转向和转角等内容。

节点号	J49	J50	J51	J52		J53	J54
距离（m）		73.00	47.50	15.00	9.00	9.00	37.50
距热源出口距离（m）	799.35	872.35	919.85	934.85	943.85	952.85	990.35
地面标高（m）	150.21	150.53	150.32	150.85	151.20	151.44	151.30
管底标高（m）	148.12	148.72	149.22	149.42	149.52	149.62	150.00
检查室底标高（m）	147.52	148.12	148.62	148.82	148.92	149.00	149.42

项目	J49—J50	J50—J51	J51—J54
坡度	0.008	0.010	0.011
距离（m）	73.00	47.50	71.50
固定支座推力	5 吨级 GZ-5	5 吨级 GZ-6	5 吨级 GZ-7
管径（mm）	D426×8（保温外径 510）	D325×8（保温外径 410）	

图 3－82　某办公楼室外供暖管道纵断面图

实例 68：某厂室外供热管道纵剖面图识读

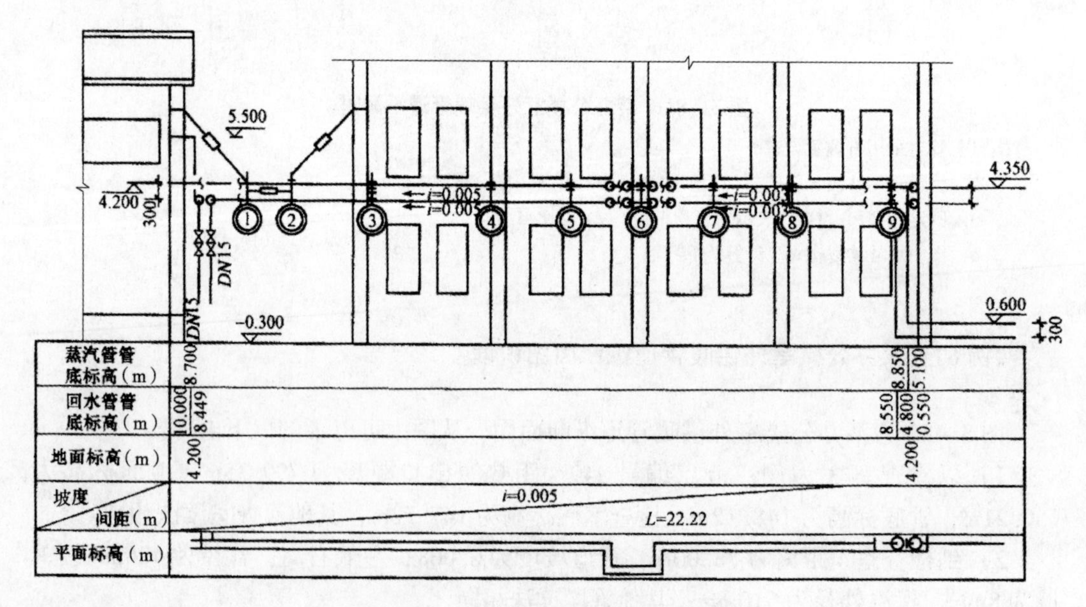

图 3－83　某厂室外供热管道纵剖面图

注：相对标高 ±0.000，相当于绝对标高 4.500。

图 3－83 为某厂室外供热管道纵剖面图，从图中可以了解以下内容：

1）自锅炉房至方形补偿器一段管路系统的坡度为 $i=0.005$，坡向锅炉房。

2）两根蒸汽管敷设在槽钢支架上方，管子与槽钢之间设有管托，两根回水管道敷设在槽钢支架下方，用吊卡固定在槽钢上。

3）两根水平管道中心间距为 240mm，蒸汽管道与回水管道上、下中心高差为 300mm。

实例 69：某厂室外供热管道平面图识读

图 3－84 为某厂室外供热管道平面图，可同时对照该管道的纵剖面图（图 3－83），从图中可以了解以下内容：

1）由图中可以看出该厂的供汽管道有两条：一条是空调供热管道，管径为 $D57\times3.5$；另一条是生活用汽供热管道，管径为 $DN45\times3.5$。两条管道自锅炉房相对标高 4.200m 出外墙，经过走道空间沿一车间外墙并列敷设，至一车间尽头。空调供热管道转弯送入一车间，生活用汽管道则从相对标高 4.350m 返下至标高 0.600m，沿地面敷设送往生活大楼。

2）由图中可以看出回水管道也有两条：一条从一车间自相对标高 4.050m 处接出，另一条是从生活大楼送至一车间墙边，由相对标高 0.300m 上升至标高 4.050m，然后两根回水管沿一车间外墙并列敷设，到锅炉房外墙转弯，再登高自相对标高 5.500m 处进入锅炉房。

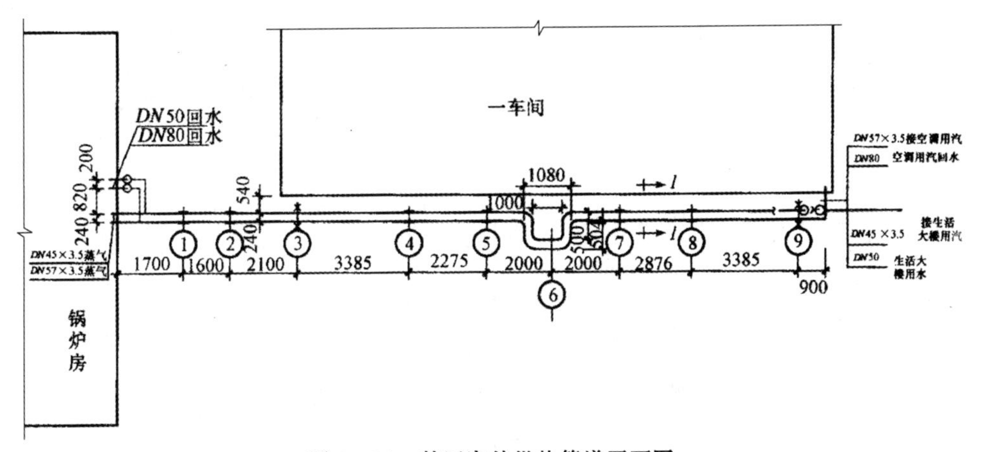

图 3－84 某厂室外供热管道平面图

实例 70：地下室采暖立面图识读

图 3－85 为地下室采暖立面图，从图中可以了解以下内容：

1. 立管⑩

1）立管⑩从三层干管向下出，先设一阀门，在三层，向左接一根支管，支管上设阀门，接一组散热器，片数为 4 片。

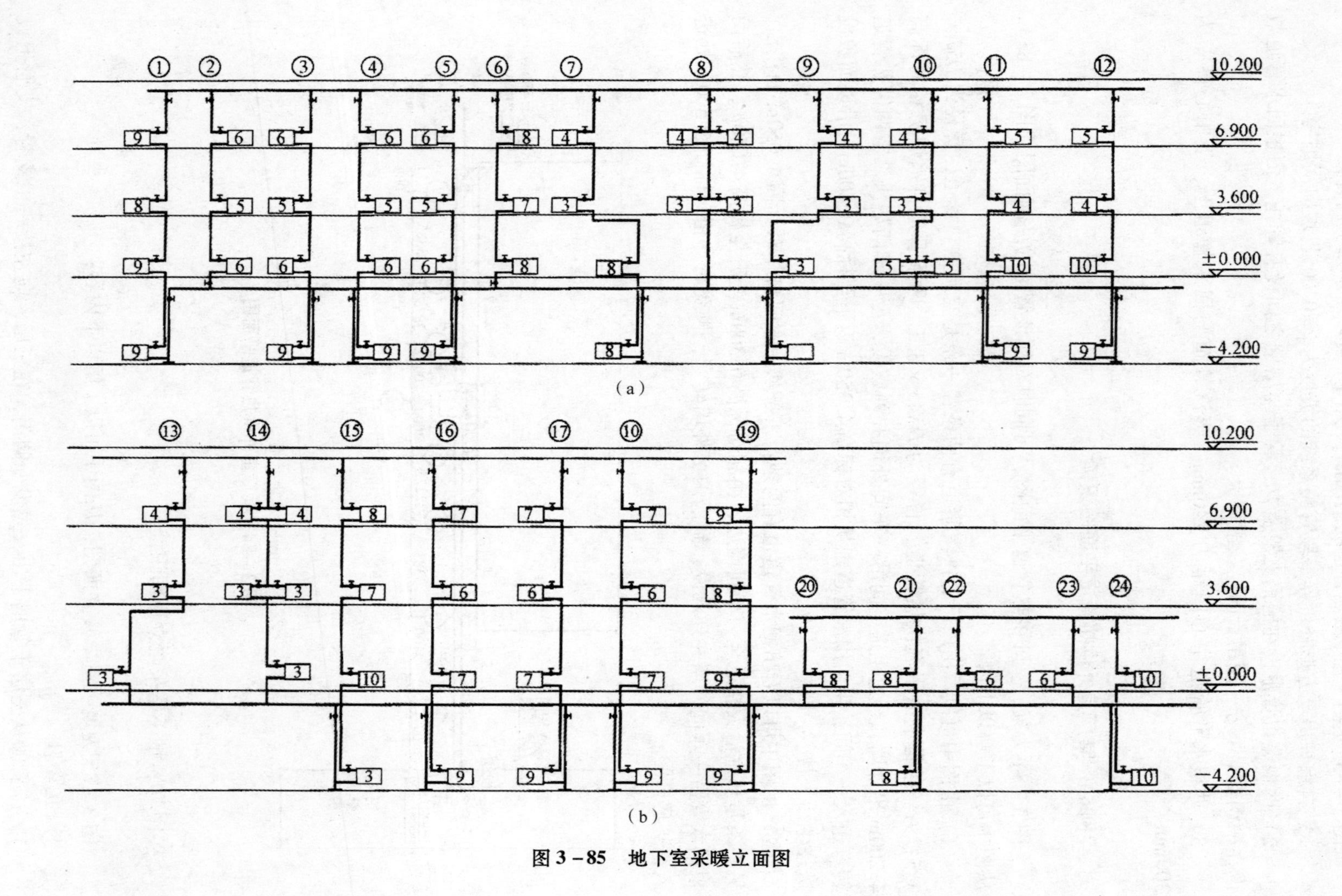

图 3－85　地下室采暖立面图

2）回水继续向下，在二层向左接支管，先设阀门，再接一组散热器，片数为3片。

3）回水继续向下，在一层向左、右各接一根支管，分别设阀门，接一组散热器，片数均为5片。

4）两组散热器回水向下，进入地下室屋顶的回水干管。

2. 立管⑪

1）从三层干管向下接出，设置阀门，在三层向右接支管，设阀门后连接散热器，片数为5片。

2）回水向下，在二层向右接支管，设阀门后连接散热器，片数为4片。

3）回水向下，在一层向右接支管，设阀门后连接散热器，片数为10片。

4）回水向下，在地下室向右，设阀门后连接散热器，片数为9片。

5）回水先向左，再沿回水立管向上，设阀门后，进入地下室屋顶的回水干管。

3. 其他立管

可按上述方法逐个阅读。

实例71：某建筑采暖系统轴测图识读

图3－86为某建筑采暖系统轴测图，从图中可以了解以下内容：

1）热源入口标高为－1.400m，管径为*DN*50，穿南墙后设主立管直通二层，标高为6.280m，再设水平干管，沿东墙、北墙、西墙、南墙敷设一周，再通过垂直立管连接二层散热器。

2）每两个散热器（个别的是一个），设一立管，通往一层。管径有*DN*25、*DN*32等。坡度为$i=0.003$。

实例72：某锅炉房管道流程图识读

图3－87为某锅炉房管道流程图，从图中可以了解以下内容：

1）从锅炉①顶部出来供水管向后（方位投影图确定，即左右、上下、前后，以下同）分两路，其中一路向右经阀门到分水缸⑱。由分水缸引出各个支路分别通向供暖地点、浴池等。另一路向左经阀门通向淋浴贮水箱㉑，从贮水箱引出管向左，经阀门后分两路通过阀门接两台并列淋浴加压泵㉒，再经阀门通向淋浴地点，此管道的直径为*DN*50。从集水缸⑮引出管经阀门向左，经立式直通除污器⑭后，通向两台并列循环水泵⑧，循环水泵入口加阀门，水泵出口加止回阀与阀门，之后经止回阀与阀门通向锅炉回水入口。

2）从图的右侧看到：给水管引入自来水向右分别经阀门进入淋浴贮水箱㉑、经阀门后进入软水箱⑬、经阀门接盐液箱⑪、经阀门接离子交换器⑮、经阀门进入锅炉①、引向锅炉间、引向卫生间，管道公称直径分别是：*DN*70、*DN*50、*DN*40、*DN*20、*DN*15。水经离子交换器⑩后进入软水箱⑬，从底部引出经阀门通向两台并列补水泵⑧。从软水箱顶部引出管经阀门接压力变送器⑳。循环水泵⑧出口管通向锅炉①，从锅炉①引出各条排污管，经阀门通向排水管道。

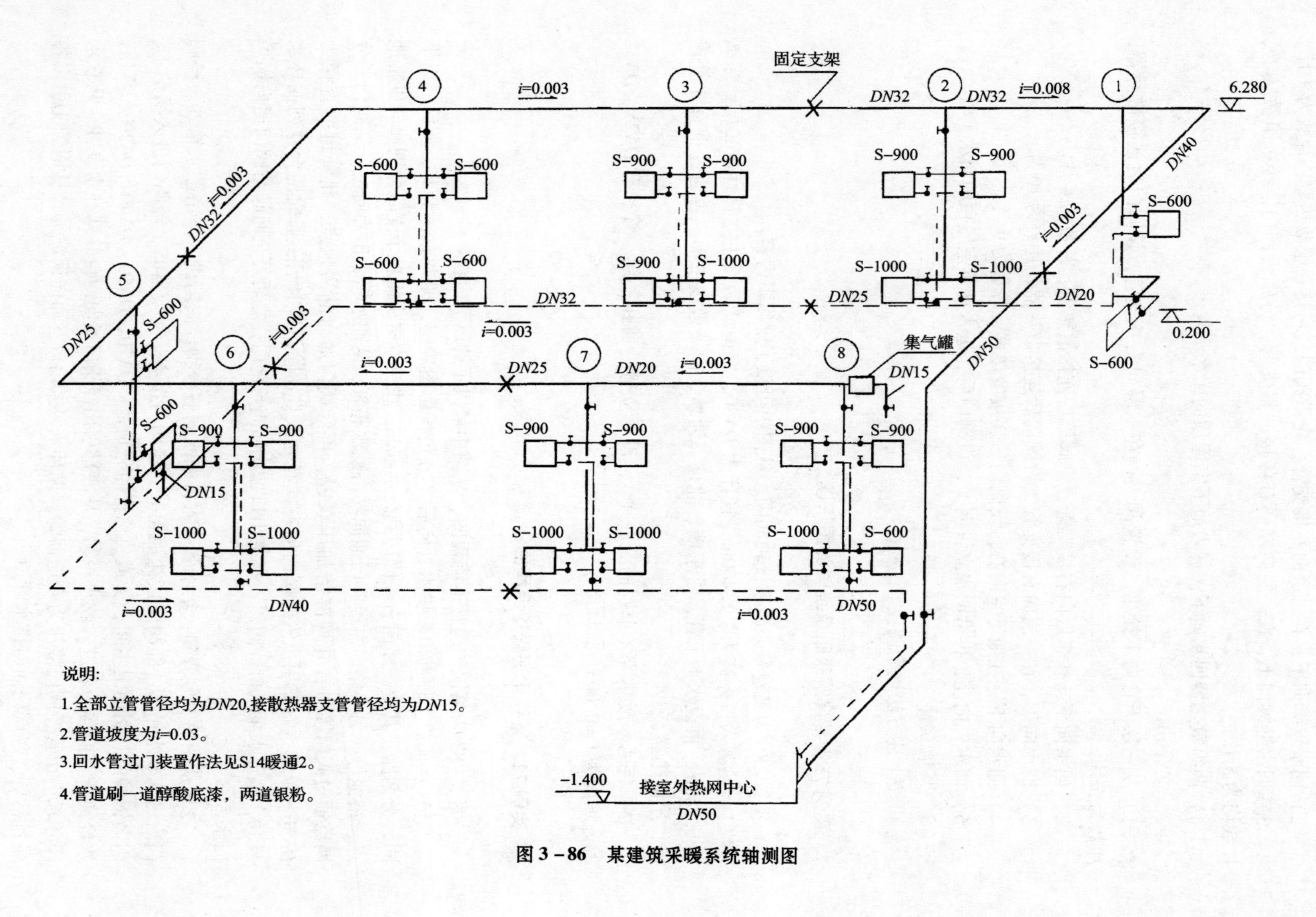

说明:

1.全部立管管径均为DN20,接散热器支管管径均为DN15。

2.管道坡度为i=0.03。

3.回水管过门装置作法见S14暖通2。

4.管道刷一道醇酸底漆，两道银粉。

图 3-86　某建筑采暖系统轴测图

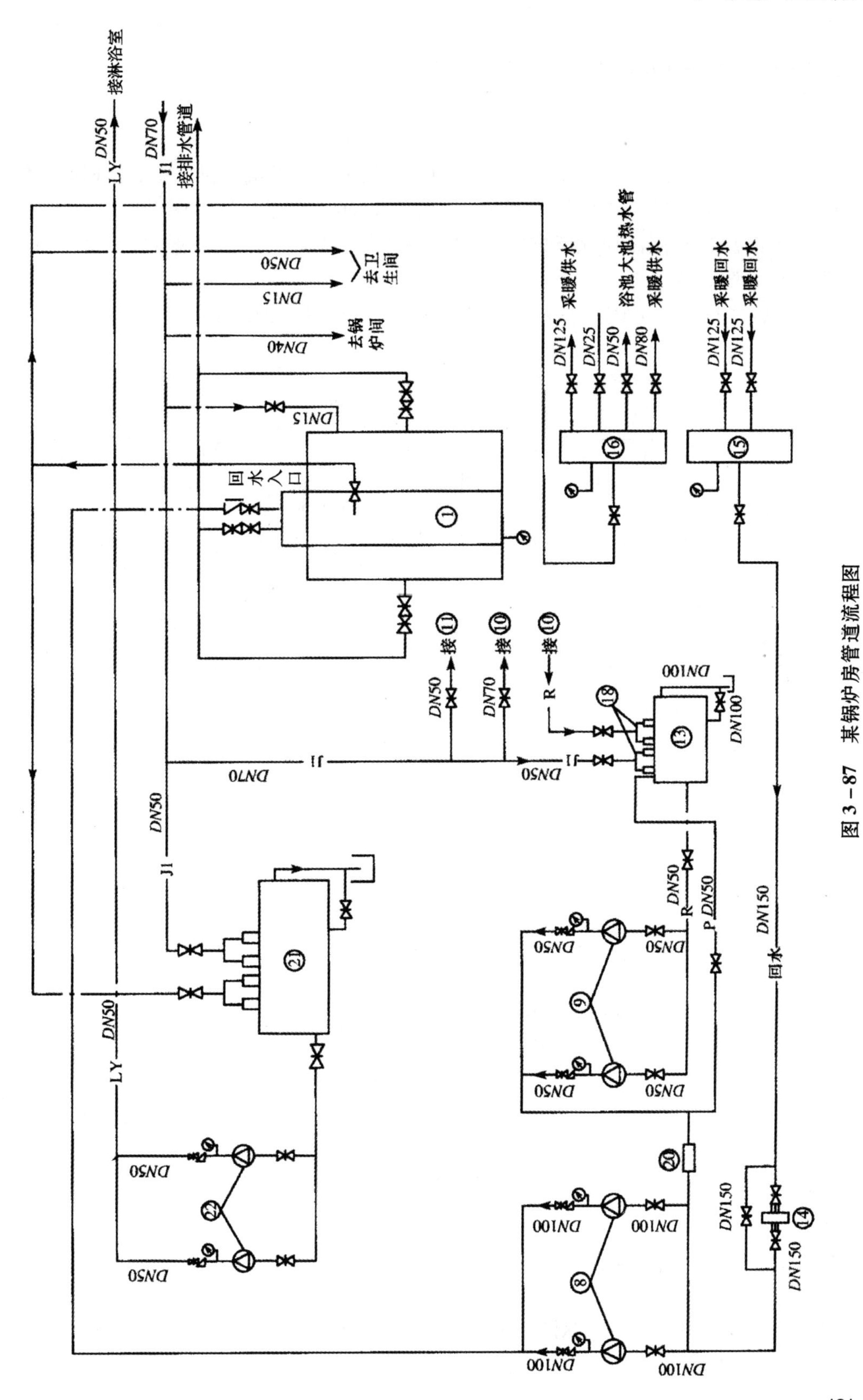

图 3-87 某锅炉房管道流程图

实例73：暖气立管图识读

图3－88为暖气立管图，从图中可以了解以下内容：

1）本工程为双管采暖系统，供水立管用粗实线表示，下端接供水干管，回水立管用粗虚线表示，下端接回水干管，管径有*DN*15、*DN*20。

2）每组立管带一组或两组散热器，散热器上端接供水立管，下端接回水立管，9号立管接光管散热器。

3）散热器下皮距地面分别是81mm、700mm、1200mm、2100mm。

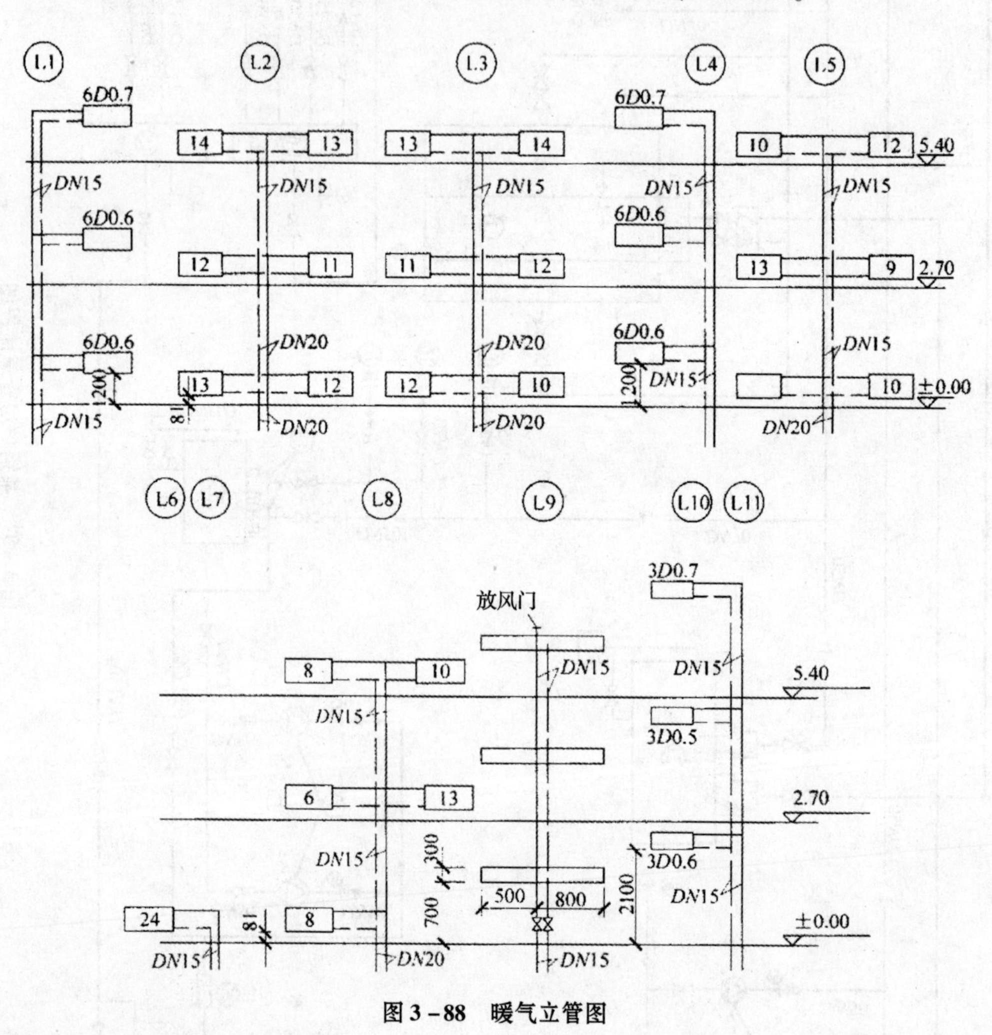

图3－88　暖气立管图

实例74：采暖系统图识读

图3－89为采暖系统图，从图中可以了解以下内容：

1）该系统的热媒入口在房屋的东南角。

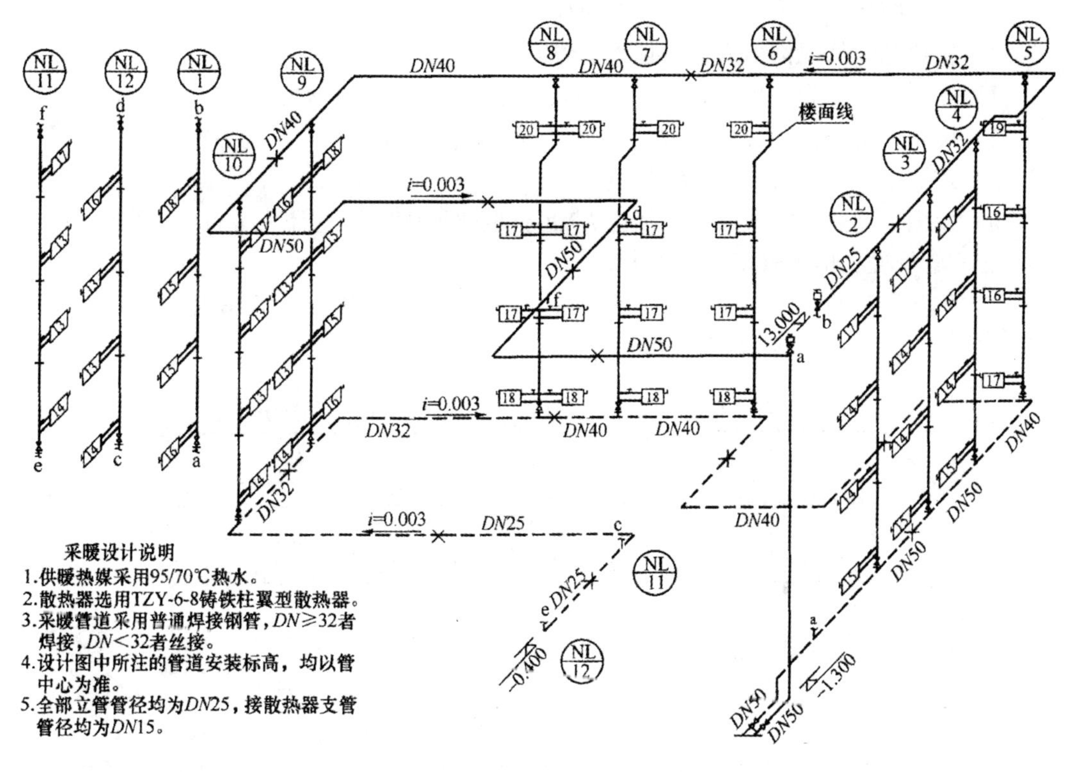

图 3-89 采暖系统图（1:100）

2）供热总管敷设在地沟内，标高为 -1.300m，在轴线⑩和Ⓐ的墙角处竖直上行，穿过楼面通至四层顶棚处，然后沿外墙内侧布置，先向西，再折向北，再折向西，形成水平供热干管，干管的坡度为 0.003，在干管的起始端和末端分别设有自动排气阀 a、b。

3）干管末端的标高为 13.000m，根据干管的坡度和管道长度可以推算出各转弯点的标高。干管的管径依次为 DN50、DN40、DN32 和 DN25。

4）图中共有 12 根立管，立管管径全部为 DN25。立管为单管式，与散热器支管用三通和四通连接。

5）散热器为铸铁柱翼型，回水从支管经立管流到底层回水干管，回水干管设在地沟内，室内地沟断面尺寸为 1m×1m。回水干管的起始端在楼梯间北边的接待室，标高为 -0.400m，坡度为 0.003，位次从立管 12 到立管 1。最后沿⑩轴线通至房屋的东南角，返低至标高 -1.300m 处通向室外。

6）每根立管的两端均设有截止阀，每个散热器的进水支管上也设有阀门，每个散热器上装有手动排气阀。干管上设有固定支架，供水干管上有 6 个，回水干管上有 7 个。

7）在采暖出入口处，供热总管和回水总管上设有甲型热水采暖系统入口装置。

实例 75：某学校三层教室的供暖系统图识读

图 3-90 为某学校三层教室的供暖系统图，从图中可以了解以下内容：

1）该系统属上供下回、单立管、同程式。

2）供热总管从地沟引入，直径为 *DN*50。

3）水平干管原为 *DN*40，后变为 *DN*32，再变为 *DN*25，*DN*20。

4）两条回水管径渐变为 *DN*20、*DN*25、*DN*32、*DN*40，再合并为 *DN*50。

5）左有10根立管，右有9根立管。

6）双面连散热器时，立管管径为 *DN*20，散热器横支管管径为 *DN*15；单面连散热器时，立管管径、横支管管径均为 *DN*15。

7）散热器片数，以立管①为例，一层18片，二层14片，三层16片，共6组散热器。

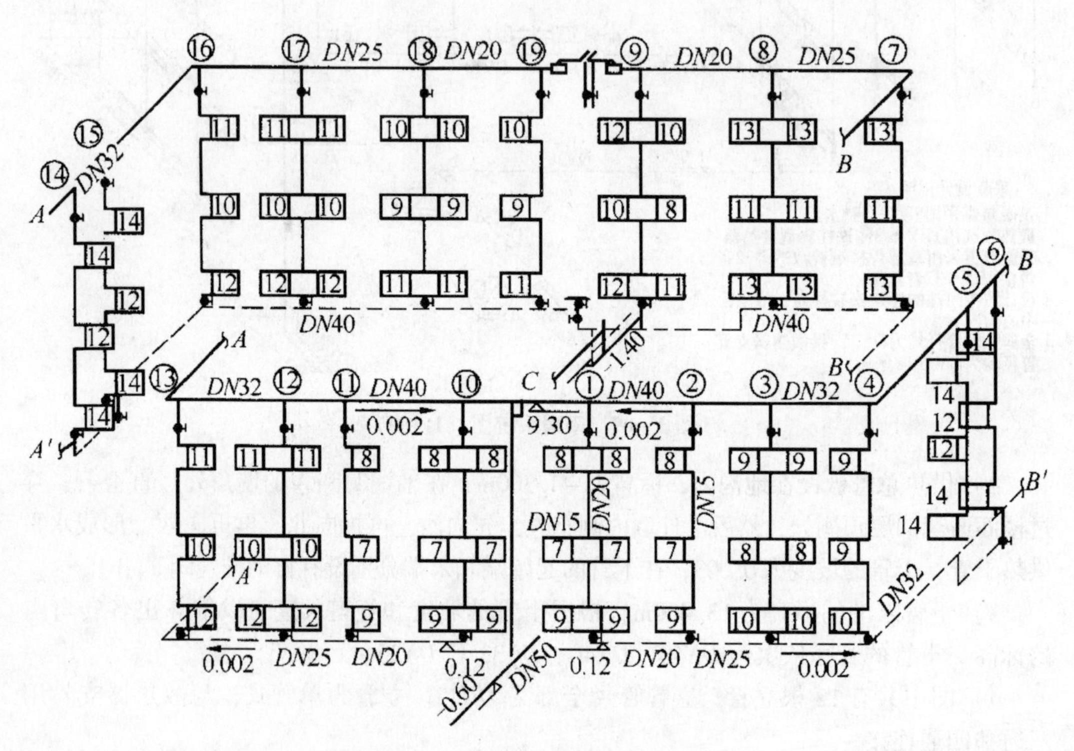

图3－90　某学校三层教室的供暖系统图

实例76：管井内采暖管道及配件安装施工图识读

图3－91为地沟管入建筑物的管井内热水采暖管道及配件安装图，从图中可以了解以下内容：

1）检查井室、用户入口处管道布置应便于操作及维修，支、吊、托架稳固，且满足设计要求。

2）供热管道的水管或蒸汽管，设计无规定时，应敷设在载热介质前进方向的右侧上方。

3）地沟内的管道安装位置，其净距（保温层外表面）应符合下列规定：

①与沟壁：100～150mm。

②与沟底：100～200mm。

③与沟顶：不通行地沟为50～100mm，半通行和通行地沟为200～300mm。

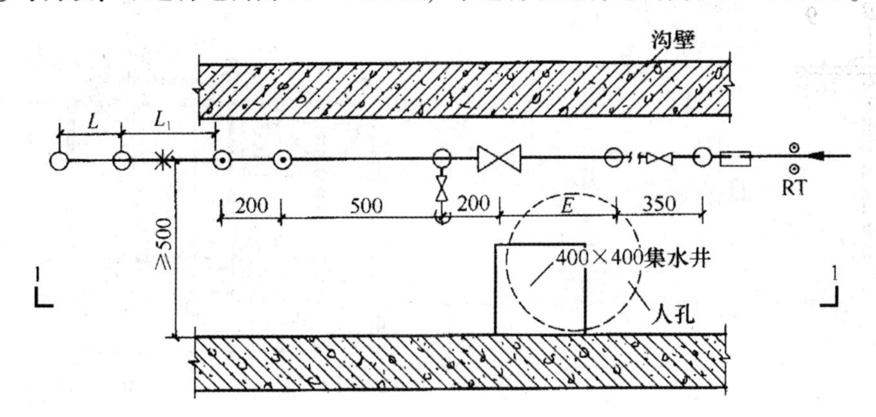

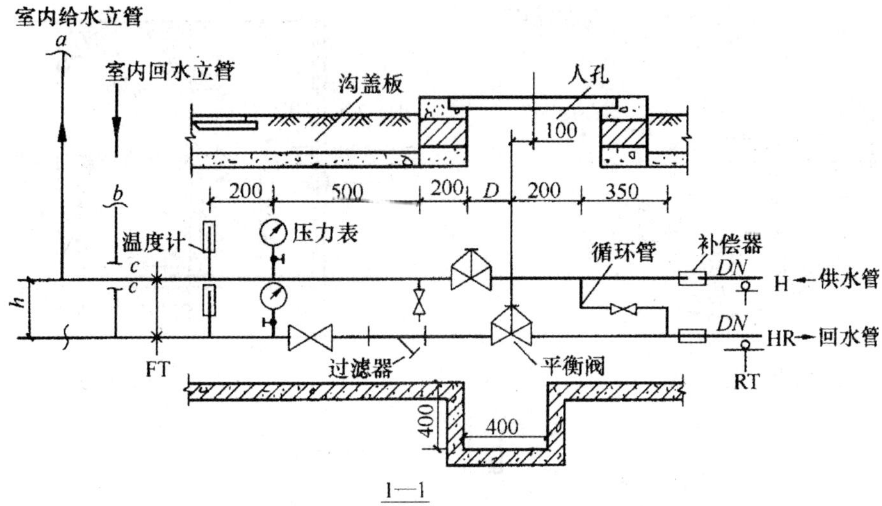

图3－91 地沟管入建筑物的管井内热水采暖管道及配件安装图

实例77：膨胀水箱安装图识读

图3－92为膨胀水箱安装图，从图中可以了解以下内容：

1）为使膨胀水箱具有存储膨胀水、定压、排气功能，应首先注意膨胀水箱的安装部位。

①机械循环热水采暖系统的膨胀水箱，安装在循环泵入口前的回水管（定压点处）上部，膨胀水箱底标高应高出采暖系统1m以上，如图（c）所示。

②重力循环上供下回热水采暖系统的膨胀水箱安装在供水总立管顶端，膨胀水箱箱底标高应高出采暖系统1m以上，应注意供水横向干管和回水管的坡向及坡度符合图（d）的箭头指向及坡度参数。

2）膨胀水箱配管。

①膨胀水箱的膨胀管（件6）及循环管（件4）不得安装阀门，同时要求：

a. 循环管与系统总回水管干管连接，其接点位置与定压点的距离应为1.5～3m（如果膨胀水箱安装在取暖房间内可取消此管）。

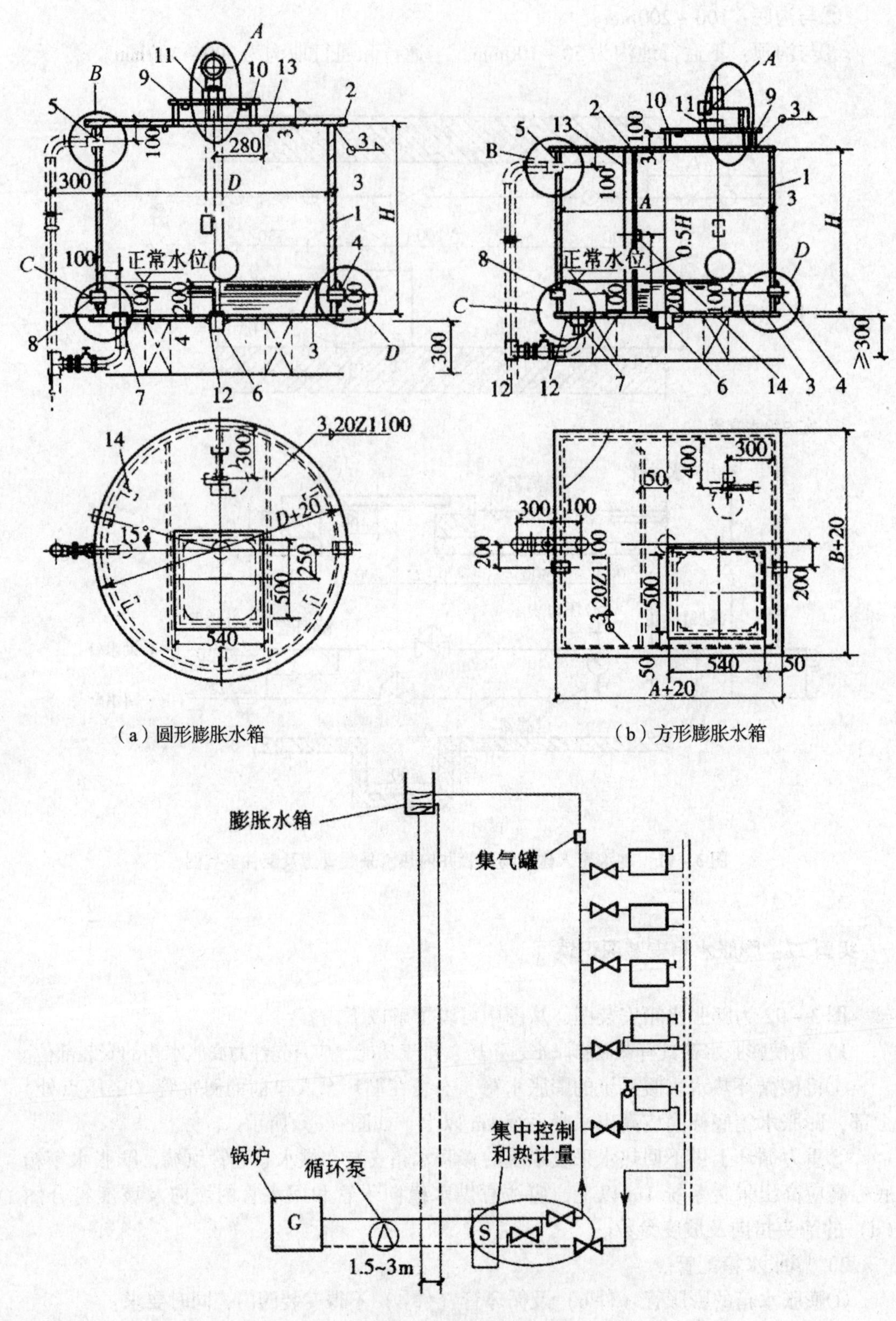

（a）圆形膨胀水箱

（b）方形膨胀水箱

（c）机械循环采暖膨胀水箱安装示意图

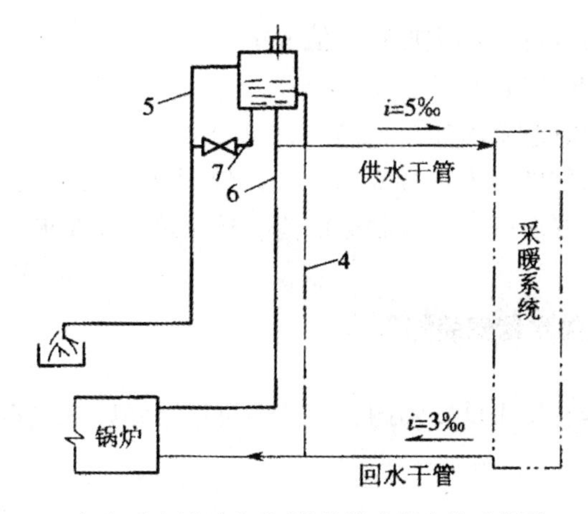

（d）重力循环采暖系统膨胀水箱安装示意图

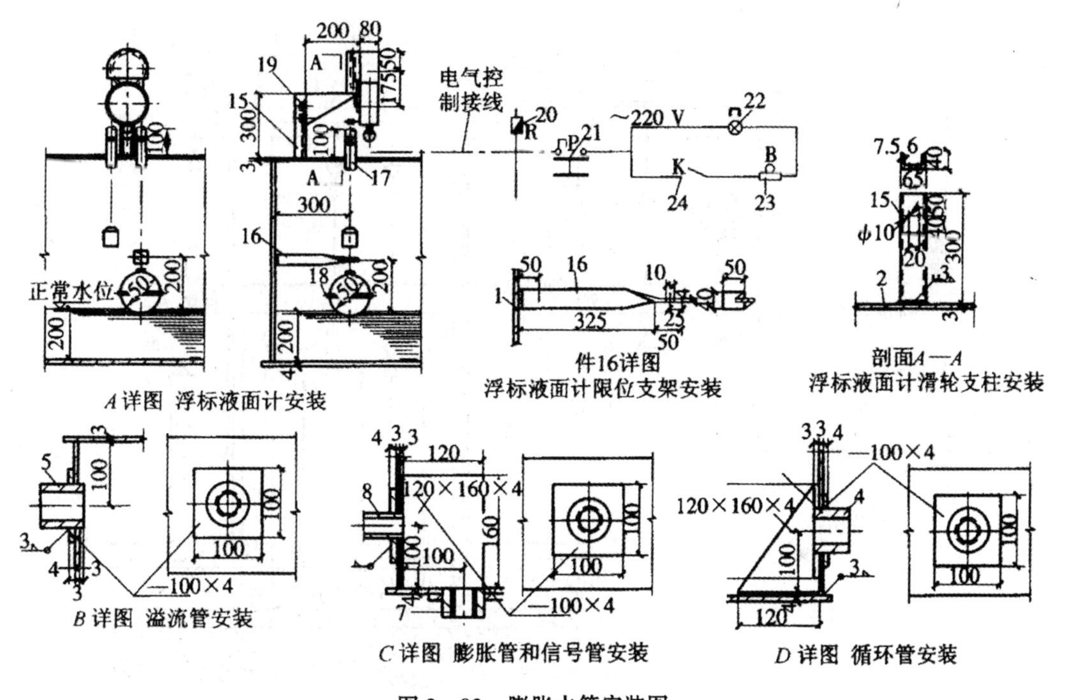

图 3-92 膨胀水箱安装图

1—膨胀水箱的壁；2—膨胀水箱的顶；3—膨胀水箱的底；4—*DN*20 ~ *DN*25 循环管；
5—*DN*50 ~ *DN*70 溢水管；6—*DN*40 ~ *DN*50 膨胀管；7—*DN*32 排水管；8—*DN*20 信号管（检查管）；
9、10、11—人孔盖、管（框）、拉手；12—管孔加强板；13、14—箱体加强角钢、拉杆；
15—浮标液面计支柱（[6.5）；16—浮标限位支架（-40×4）；17—套管（*DN*40）；18—浮标；
19—支架连接螺栓（M8×16）；20—熔断器（RM16A）；21—模拟浮标液面计（FQ-2）；
22—红色信号灯（BE-38-220-8W）；23—电铃；24—开关

b. 膨胀管的连接如图（c）、（d）所示。

②溢水管（件5）同样不能加阀门，且不可与压力回水管及下水管连接，应无阻力自动流入水池或水沟。

③水箱清洗、放空排水管（件7）应加截断阀，可与溢流管连接，也可直排。

④信号管（件8）也称检查管道，连同浮标液面计的电器、仪表、控制点应引至管

理人员易监控、操作的部位（如主控室、值班室）。

3）膨胀水箱安装相关资料。

膨胀水箱的构造及制造要求如图（a）、(b）所示。

膨胀水箱的箱体及附件（如浮标液面计、内外爬梯、人孔、支座等）的制造尺寸、数量、材质及合格标准等应符合设备制造规范、标准及设计要求。

实例78：分水器、集水器安装图识读

图3－93为分水器、集水器安装图，从图中可以了解以下内容：

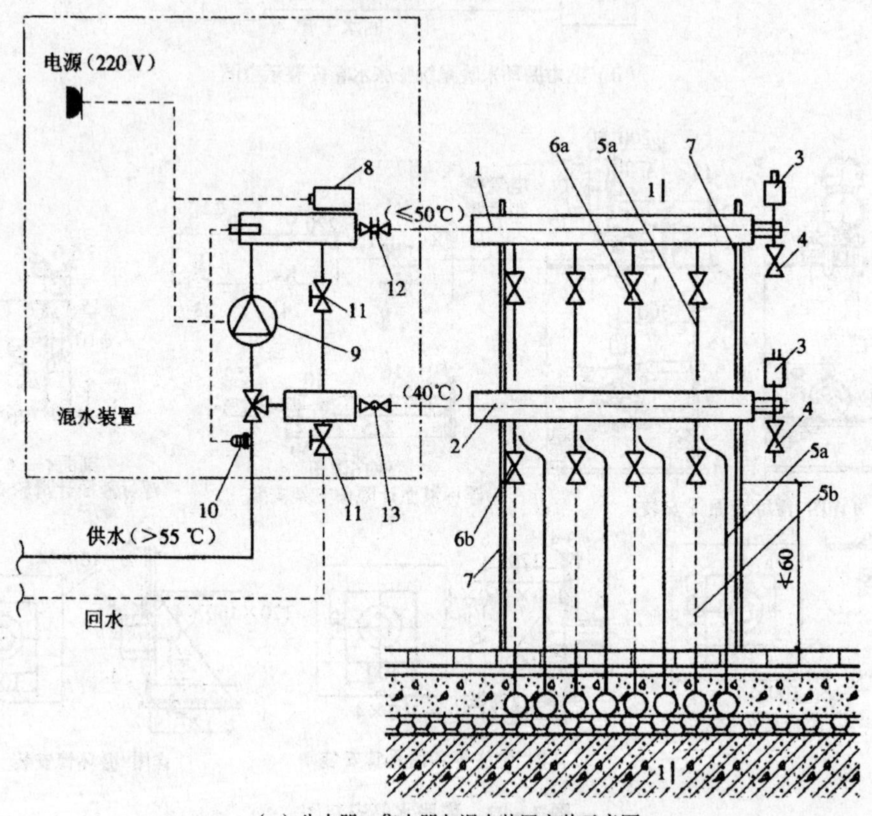

（a）分水器、集水器与混水装置安装示意图

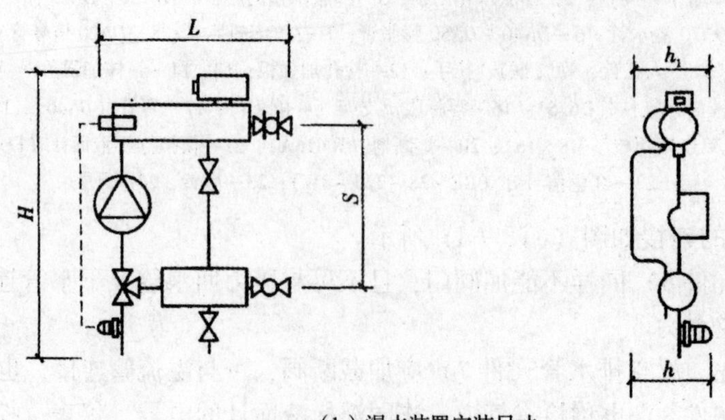

（b）混水装置安装尺寸

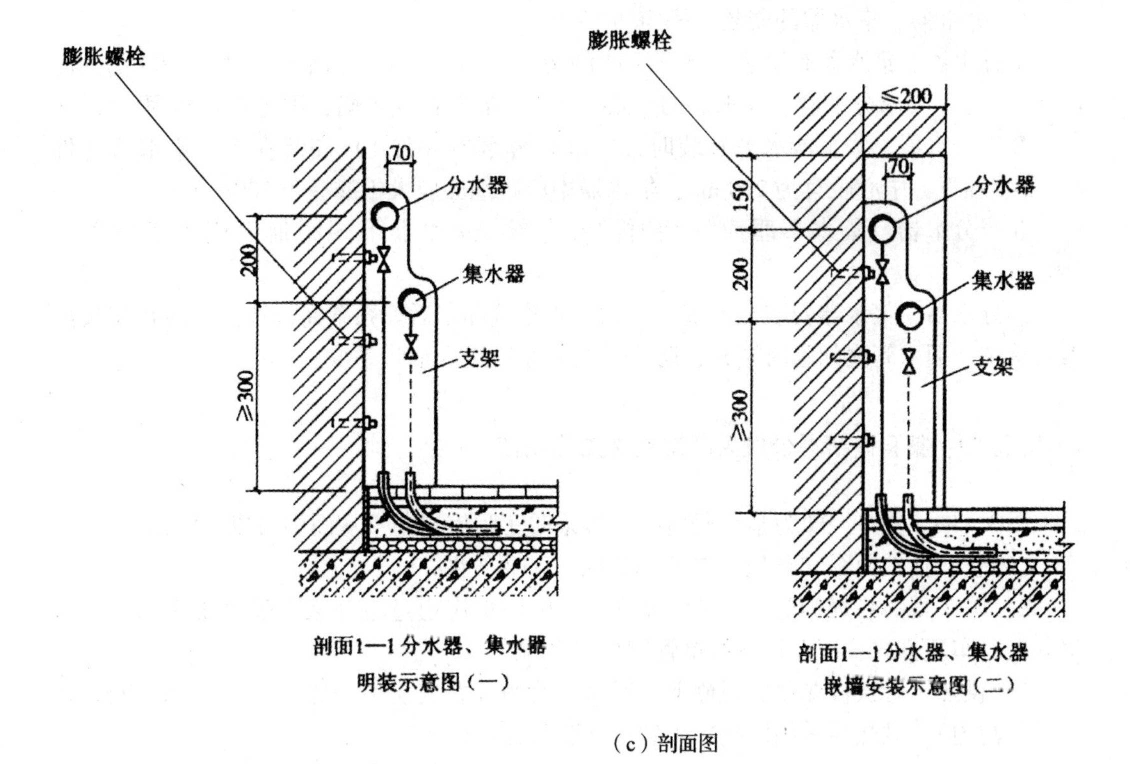

（c）剖面图

图3－93 分水器、集水器安装图

1—分水器；2—集水器；3—自动排气阀；4—泄水阀；5a—供水管；5b—回水管；6a—分水控制阀；6b—集水控制阀；7—分水器、集水器支架；8—电子温感器；9—调速水泵；10—远传温控阀；11—调解阀；12—温控及过滤阀；13—测温阀

$L=404$mm；$S=210$mm；

$H=404$mm；$h_1=150$mm；$h=165.5$mm

1）分水器、集水器用于采暖管道放射状供水、回水系统，而地板辐射供暖系统应有独立的热媒集配装置，并应符合下列要求：

①每一集配装置的分支路（件5a、5b）不宜多于8个，住宅每户至少设置一套集配装置。

②集配装置的分水管、集水管（件1、件2）管径应大于总供水管、回水管管径。

③集配装置应高于地板加热管，并配置排气阀（件3）。

④总供水管、回水管进出口和每一供水管、回水支路均应配置截止阀或球阀或温度控制阀（件6a、6b）。

⑤总供水管、回水管阀的内侧，应设置过滤器（件12）。

⑥建筑设计应为明装或暗装的集配装置的合理设置和安装使用提供适当条件。

⑦当集中供暖的热水温度超过地暖供水温度上限（55℃）时，集配器前应安装混水装置，如图（b）所示。

⑧当分水器、集水器配有混水装置和地暖各环路设置温度控制器时，集配器安装部

位应预埋电器接线盒、电源插座等及其预埋配套的电源线和信号线的套管。

2）分水器、集水器的安装、固定。

①分水器、集水器有明装［图 3－93 的剖面 1－1（一）］和暗装［图 3－93 的剖面 1－1（二）］要求分水器、集水器的支架（件 7）安装位置正确，固定平直牢固。

②当分水器、集水器水平安装时，一般将分水器（件 1）安装在上，集水器（件 2）安装在下，中心距宜为 200mm，集水器中心距地面应大于或等于 300mm。

③当分水器、集水器垂直安装时，分水器、集水器下端距地面应大于或等于 150mm。

④分水器、集水器安装与系统供、回水管连接固定后如系统尚未冲洗，应再将集配器与总供、回水管之间临时断开，防止系统外杂物进入地暖系统。

实例 79：某科研所办公楼采暖工程施工图识读

图 3－94～图 3－97 为某科研所办公楼采暖工程施工图，从图中可以了解以下内容：

1）它包括平面图（首层、二层和三层）和系统图。

2）该工程的热媒为热水（70～95℃），由锅炉房通过室外架空管道集中供热。管道系统的布置方式采用上行下给单管同程式系统。

3）供热干管敷设在顶层顶棚下，回水干管敷设在底层地面之上（跨门部分敷设在地下管沟内）。散热器采用四柱 813 型，均明装在窗台之下。

4）供热干管从办公楼东南角标高为 3.000m 处架空进入室内，然后向北通过控制阀门沿墙布置至轴线⑦和Ⓔ的墙角处抬头，穿越楼层直通顶层顶棚下标高为 10.20m 处，由竖直状而折向水平状，向西环绕外墙内侧布置，后折向南再折向东形成上行水平干管，然后通过各立管将热水供热给各层房间的散热器。

5）所有立管均设在各房间的外墙角处，通过支管与散热器相连通，经散热器散热后的回水由敷设在地面上沿外墙布置的回水干管自办公楼底层东南角处排出室外，通过室外架空管道送回锅炉房。

6）采暖平面图表达了首层、二层和三层散热器的布置状况及各组散热器的片数。三层平面图表示出供热干管与各立管的连接关系；二层平面图只画出立管、散热器以及它们之间的连接支管，说明并无干管通过；底层平面图表示了供热干管及回水管的进出口位置、回水干管的布置及其与各立管的连接。

7）从采暖系统图可清晰地看到整个采暖系统的形式和管道连接的全貌，而且表达了管道系统各管段的直径，每段立管两端均设有控制阀门。立管与散热器为双侧连接，散热器连接支管一律采用 *DN*15（图中未注）钢管。供热干管和回水干管在进、出口处各设有总控制阀门，供热干管末端设有集气罐，集气罐的排气管下端设一阀门，供热干管采用 0.003 的坡度抬头走，回水干管采用 0.003 坡度低头走。

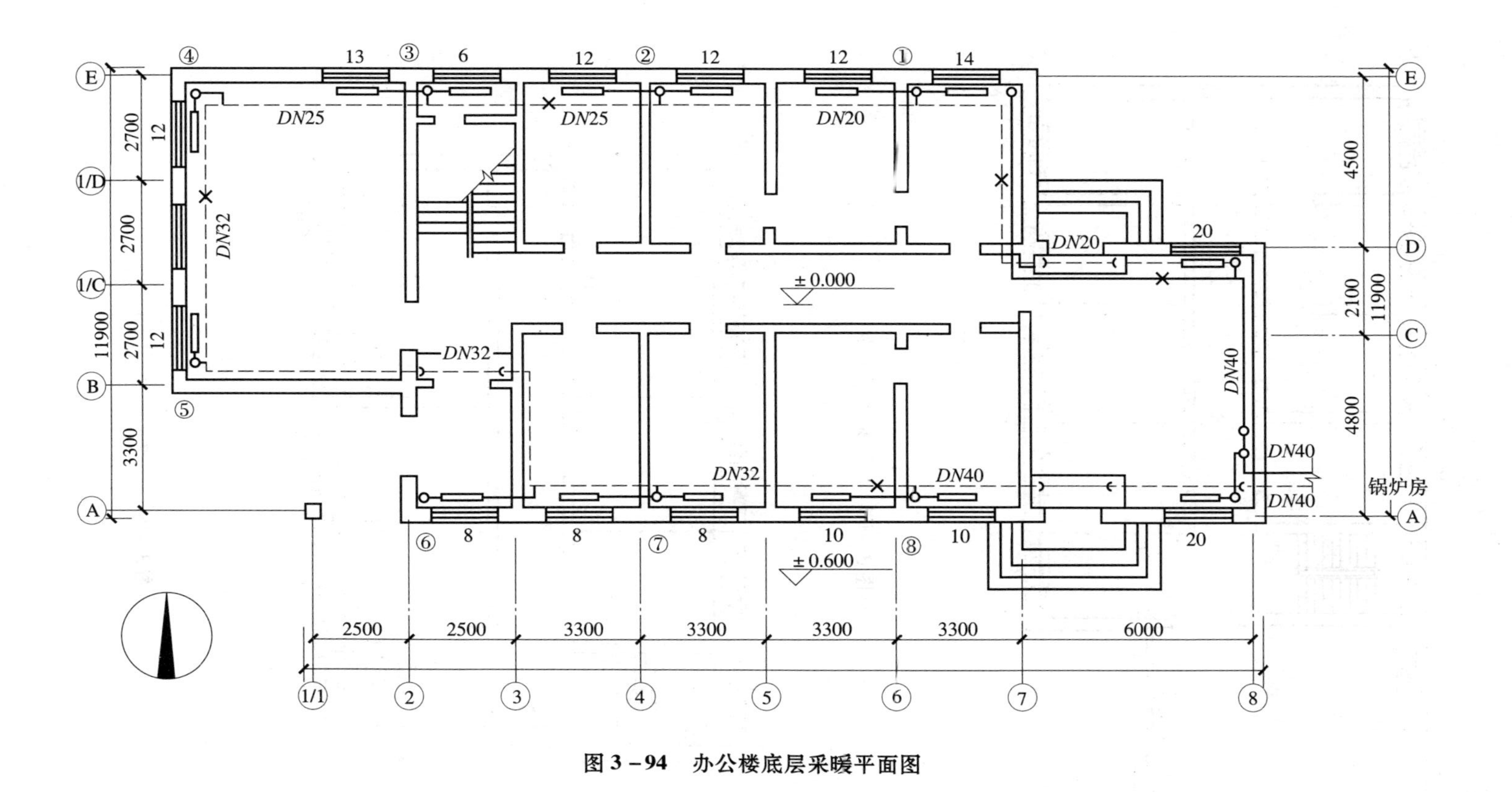

图3－94　办公楼底层采暖平面图

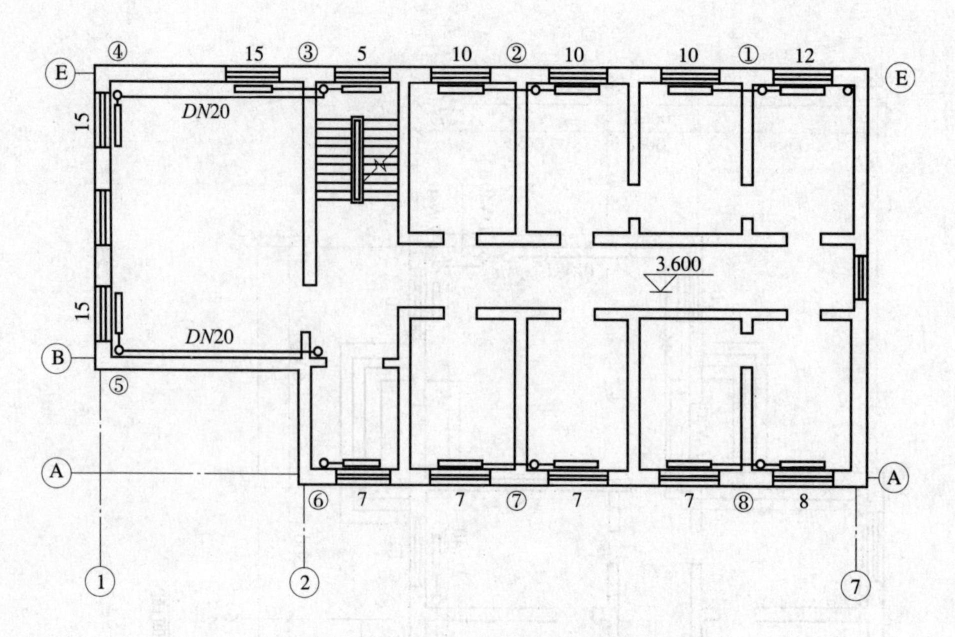

图 3－95　二层采暖平面图

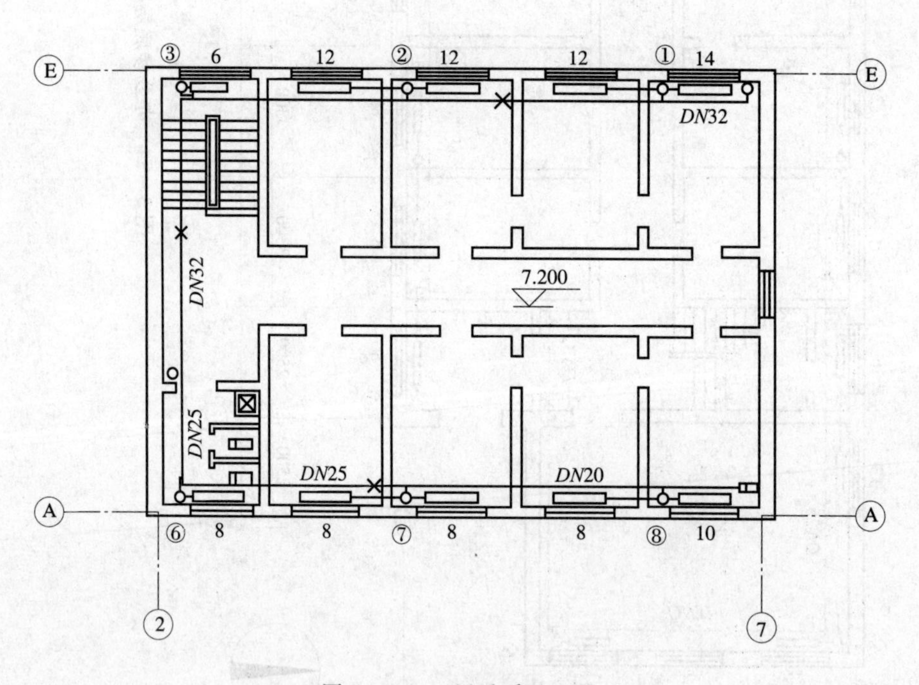

图 3－96　三层采暖平面图

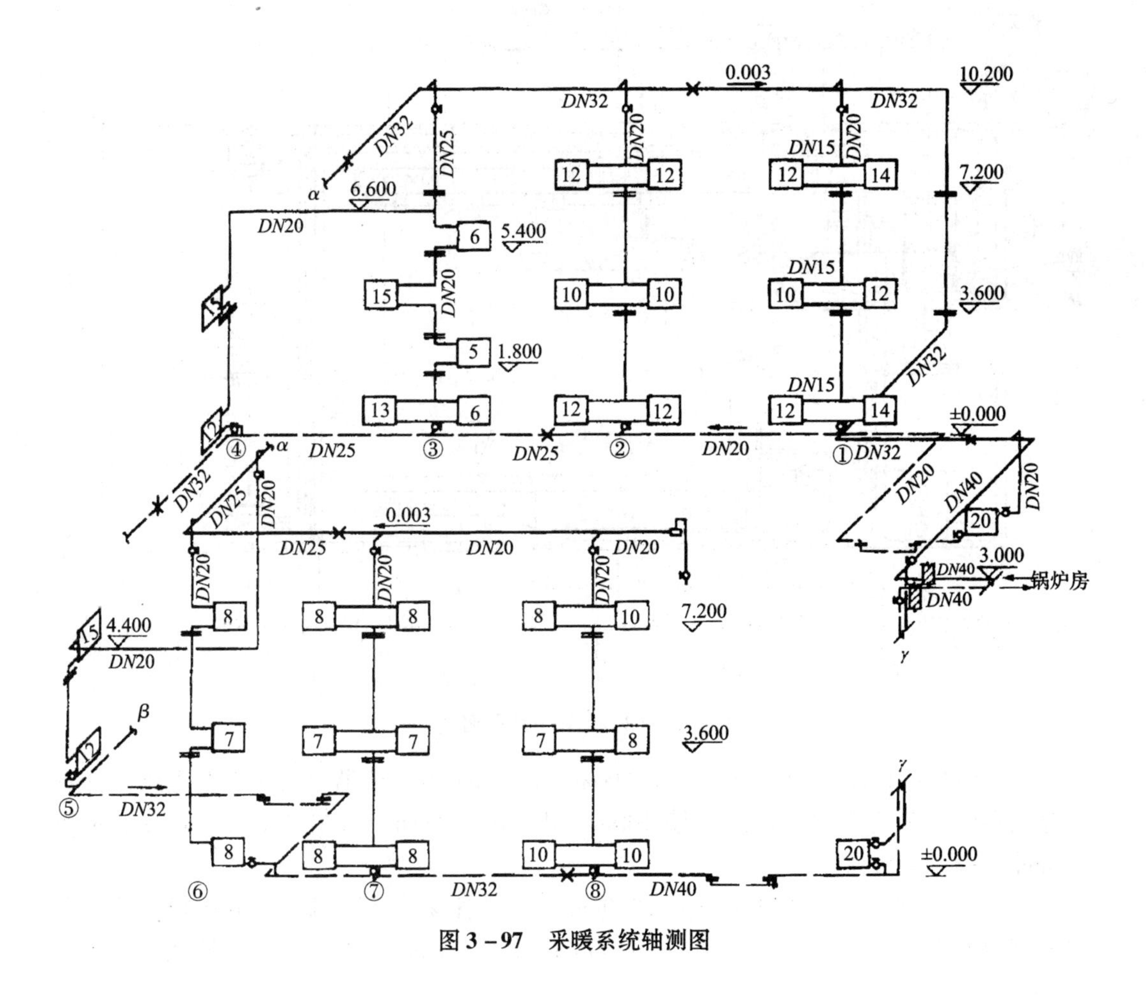

图 3 - 97 采暖系统轴测图

3.3 通风工程图识读实例

实例 80：通风系统平面图识读

图 3 - 98 为通风系统平面图，从图中可以了解以下内容：

1）该空调系统为水式系统。

2）图中标注“LR”的管道表示冷冻水供水管，标注“LR1”的管道表示冷冻水回水管，标注“n”的管道表示冷凝水管。

3）冷冻水供水、回水管沿墙布置，分别接入 2 个大盘管和 4 个小盘管。大盘管型号为 MH - 504 和 DH - 7，小盘管型号为 SCR - 400。

4）冷凝水管将 6 个盘管中的冷凝水收集在一起，穿墙排至室外。

5）室外新风通过截面尺寸为 400mm × 300mm 的新风管，进入净压箱与房间内的回风混合，经过型号为 DH - 7 的大盘管处理后，再经过另一侧的静压箱进入送风管。

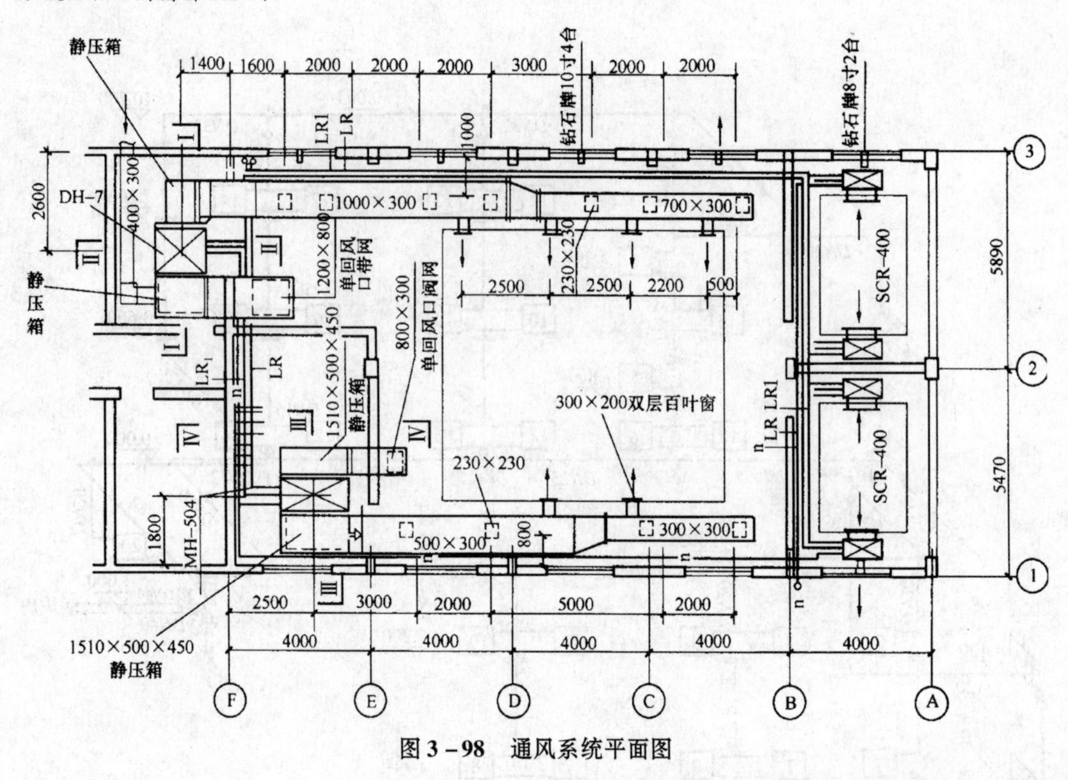

图3-98 通风系统平面图

6）送风管通过底部的7个尺寸为700mm×300mm的散流器以及4个侧送风口将空气送入室内。送风管布置在距①墙100mm处，风管截面尺寸有1000mm×300mm和700mm×300mm两种。

7）回风口平面尺寸为1200mm×800mm，回风管穿墙将回风送入静压箱。型号为MH-504的送风管截面尺寸为500mm×300mm和300mm×300mm，回风管截面尺寸为800mm×300mm。

实例81：通风系统剖面图识读

图3-99为通风系统剖面图，从图中可以了解以下内容：

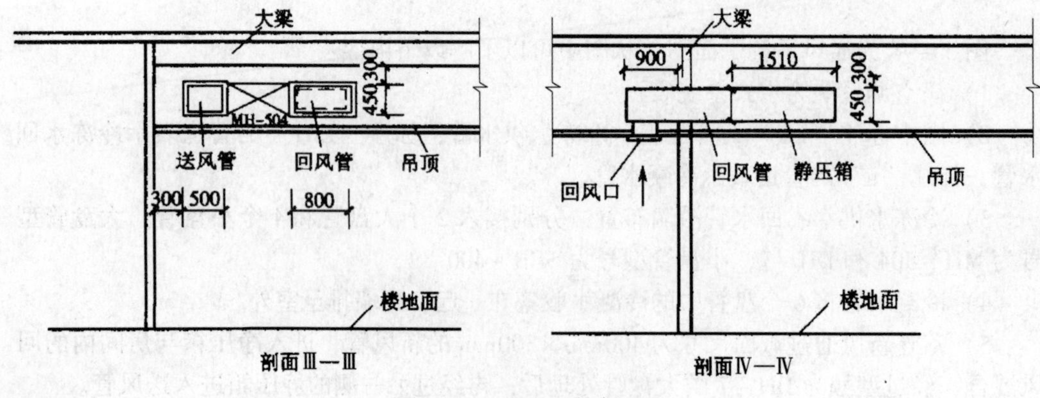

图3-99 通风系统剖面图

1）空调系统沿顶棚安装，风管距梁底300mm，送风管、回风管、静压箱高度均为450mm。

2）两个静压箱长度均为1510mm，回风管伸出墙体900mm。

3）送风管的宽度为500mm，回风管的宽度为800mm。送风管距墙300mm，且与墙平行布置。

实例82：通风系统平面图、剖面图、系统轴测图识读

图3－100为某车间排风系统的平面图、剖面图和系统轴测图，表3－1为设备材料清单，从图中可以了解以下内容：

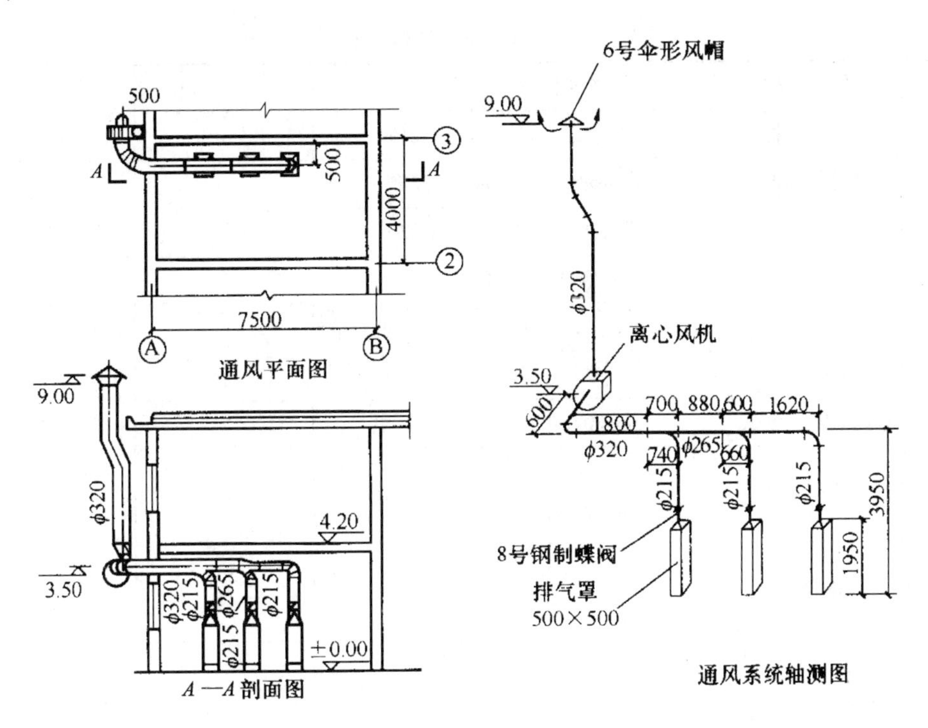

说明：1. 通风管用0.7mm薄钢板制作。

2. 加工要求：

(1) 采用咬口连接；

(2) 采用扁钢法兰盘；

(3) 风管内外表面各刷樟丹漆1遍，外表面刷灰调和漆2遍。

3. 风机型号为4-72-11，电动机1.1kW，减振台座型号为No. 4. 5A。

图3－100　排风系统施工图

1）该系统属于局部排风，系统工作状况是由排气罩到风机为负压吸风段，由风机到风帽为正压排风段。

2）风管应采用0.7mm的薄钢板制作；排风机使用离心式风机，型号为4－72－11，所用电动机功率为1.1kW；风机减振底座采用No. 4. 5A型。

3）通过对平面图的识读了解到风机、风管的平面布置和相对位置：风管沿③轴线安装，距墙中心为500mm；风机安装在室外在③和Ⓐ轴线交叉处，距外墙面为500mm。

4）通过识读 $A-A$ 剖面图可以了解到风机、风管、排气罩的立面安装位置、标高和风管的规格。排气罩安装在室内地面，标高是相对标高 ±0.00，风机中心标高为 +3.5m。

5）风帽标高为 +9.0m。风管干管直径为 $\phi320$，支管直径为 $\phi215$，第一个排气罩和第二个排气罩之间的一段支管直径为 $\phi265$。

6）系统轴测图形象具体地表达了整个系统的空间位置和走向，并反映了风管的规格和长度尺寸，以及通风部件的规格、型号等。

表3－1　设备材料清单

序号	名　称	规格型号	单　位	数　量
1	圆形风管	薄钢板 $\sigma=0.7$mm，$\phi215$	m	8.50
2	圆形风管	薄钢板 $\sigma=0.7$mm，$\phi265$	m	1.30
3	圆形风管	薄钢板 $\sigma=0.7$mm，$\phi320$	m	7.8
4	排气罩	500mm×500mm	个	3
5	钢制蝶阀	8#	个	3
6	伞形风帽	6#	个	1
7	帆布软管接头	$\phi320/\phi450$，$L=200$mm	个	1
8	离心风机	4－72－11，No.4.5A $H=65$mm，$L=2860$mm	台	1
9	电动机	JO_2-21-4 $N=1.1$kW	台	1
10	电动机防雨罩	下周长1900型	个	1
11	风机减振台座	No.4.5A	座	1

实例83：某锅炉房烟道、风道剖面图识读

图3－101为某锅炉房烟道、风道剖面图，从图中可以了解以下内容：

1）从Ⅰ－Ⅰ剖面图看到从锅炉下方出来的烟气从烟道升至标高为3.400m，穿墙进入除尘器；还可以看到在图的下方中间有鼓风机，标高为0.500m。从鼓风机排出的风向左穿墙后向下通向风道。可以看到引风机的标高及引风机出口烟道的标高。

2）从Ⅱ－Ⅱ剖面图上看，在除尘器标高为3.900m出来的烟气经弯头向下到引风机，引风机与电动机用联轴器连接，电动机的标高为0.728m。在剖面图上可以找到一些定位尺寸及标高等，如电动机、引风机、除尘器、鼓风机、烟囱等的定位尺寸，除尘器顶部、锅筒中心线标高、烟囱的尺寸等。

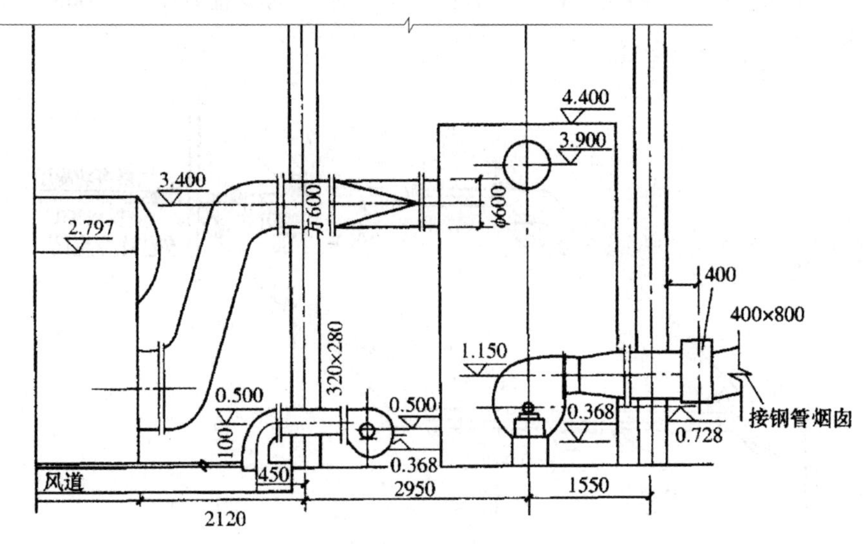

(a) Ⅰ-Ⅰ剖面图（1∶50）

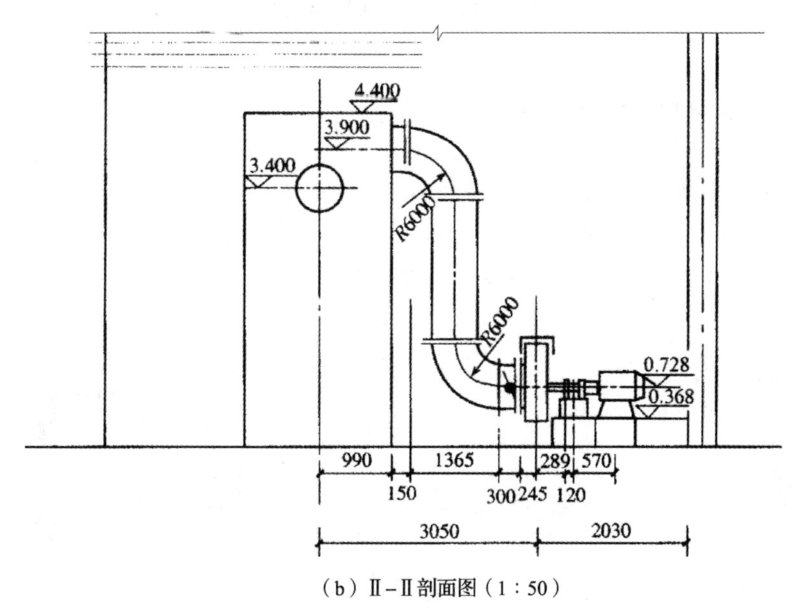

(b) Ⅱ-Ⅱ剖面图（1∶50）

图 3-101　某锅炉房烟道、风道剖面图

实例 84：通风系统施工图识读

图 3-102 为通风系统施工图，从图中可以了解以下内容：

1）冷冻水供水、回水管在距楼板底 300mm 的高度上水平布置。

2）冷冻水供水、回水管管径相同，立管管径为 125mm。

3）大盘管 DH-7 所在系统的管径为 80mm，MH-504 所在系统的管径为 40mm。

4）4 个小盘管所在系统的管径接第一组时为 40mm，接中间两组时为 32mm，接最后一组变为 15mm。

5）冷冻水供水管、回水管在水平方向上沿供水方向设置坡度为0.003的上坡，端部设有集气罐。

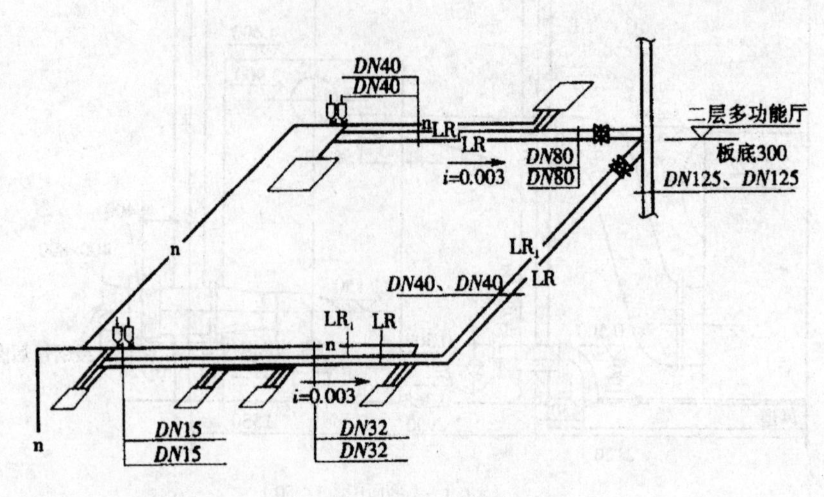

图3-102　通风系统施工图

实例85：矩形送风口安装图识读

图3-103为矩形送风口安装图，从图中可以了解以下内容：

1）用于单面及双面送风口。

2）A为风管高度，B为风管宽度，按设计图中决定。

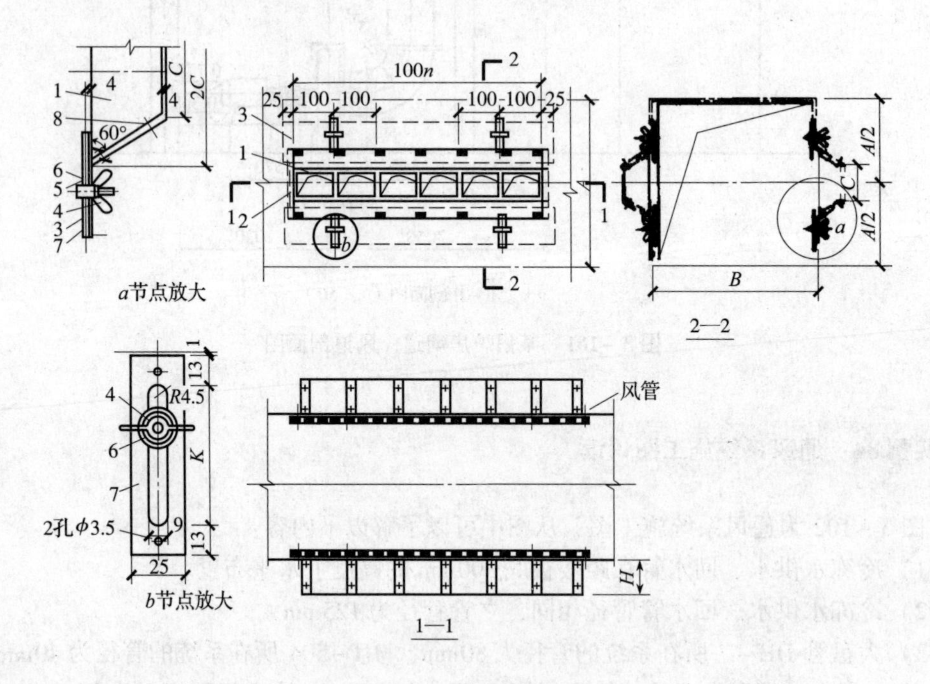

图3-103　矩形送风口安装图

1—隔板；2—端板；3—插板；4—翼形螺母；5—六角螺栓；6—垫圈；7—垫板；8—铆钉

3）C 为送风口的高度，n 为送风口的格数，按设计图中决定（$n \leqslant 9$）。

4）送风口的两壁可在钢板上按 $2C$ 宽度将中间剪开，扳起 60°角而得到。

实例 86：单面送吸风口安装图识读

图 3－104 为单面送吸风口安装图，从图中可以了解以下内容：

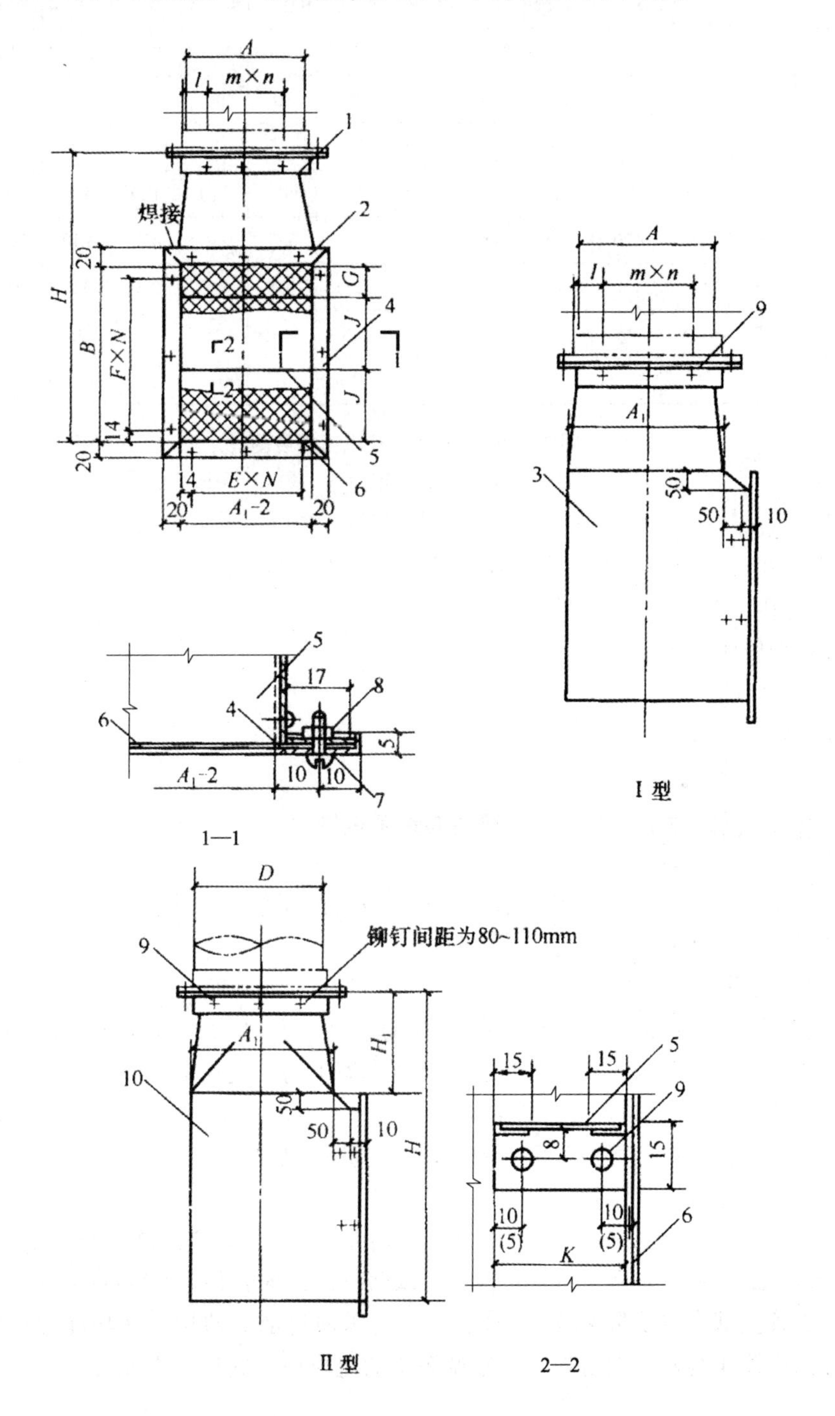

外形尺寸

型号	1号	2号	3号	4号	5号	6号	7号	8号	9号	10号	11号	12号	13号	14号
$A=D$	100	120	140	160	180	200	220	250	280	320	360	400	450	500
A_1	115	140	160	185	205	240	260	290	330	380	435	480	540	600
B	150	180	210	240	270	290	320	370	410	460	510	570	640	720
$E\times N$	43×2	55×2	65×2	78×2	88×2	70×3	77×3	87×3	100×3	88×4	101×4	113×4	138×4	143×4
$F\times N$	60×2	75×2	90×2	105×2	120×2	87×3	97×3	113×3	127×3	108×4	120×4	135×4	153×4	173×4
G	30	30	40	40	50	50	60	70	80	90	100	110	120	140
J	60	75	85	100	110	120	130	150	165	185	205	230	260	290
K	35	40	50	55	60	70	75	85	95	110	120	135	150	170
H	280	330	370	420	465	500	545	620	685	770	850	940	1050	1170
H_1	80	100	110	130	145	160	175	200	225	260	290	320	360	400
l	—	18	—	33	—	18	—	28	—	28	—	38	—	38
$m\times n$		90×1		100×1	—	85×2	—	100×2	—	90×3	—	110×3	—	110×4

图3-104 单面送吸风口安装图

1—法兰；2、4—边框；3—Ⅰ型壳体；5—隔板；6—钢板网；

7—螺钉；8—螺母；9—铆钉；10—Ⅱ型壳体

1）Ⅰ型用于方形风管，只有双数型号；Ⅱ型用于圆形风管。

2）括号内之数字用1~6号。

3）螺钉孔径为$\phi5$。

4）1~9号送风口，隔板不折边。

5）吸风口不装隔板。

实例87：空调系统平面图、剖面图和系统图识读

图3-105为空调系统平面图，图3-106为空调系统剖面图，图3-107为空调系统风管系统图，从图中可以了解以下内容：

1）空调箱设在机房内。

2）空调机房Ⓒ轴外墙上有一带调节阀的新风管，尺寸为630mm×1000mm，新风由此新风口从室外吸入室内。在空调机房②轴线内墙上有一消声器4，这是回风管。

3）空调机房有一空调箱1，从剖面图可看出，在空调箱侧下部有一接短管的进风口，新风与回风在空调机房混合后，被空调箱由此进风口吸入，经冷热处理后，由空调箱顶部的出风口送至送风干管。

4）送风先经过防火阀和消声器2，分出第一个分支管，继续向前，管径变为800mm×500mm，又分出第二个分支管，继续前行，流向管径为800mm×250mm的分支管。送风支管上都有方形散流器（送风口），送风通过散流器送入多功能厅。然后大部分回风经消声器4与新风混合被吸入空调箱1的进风口，完成一次循环。

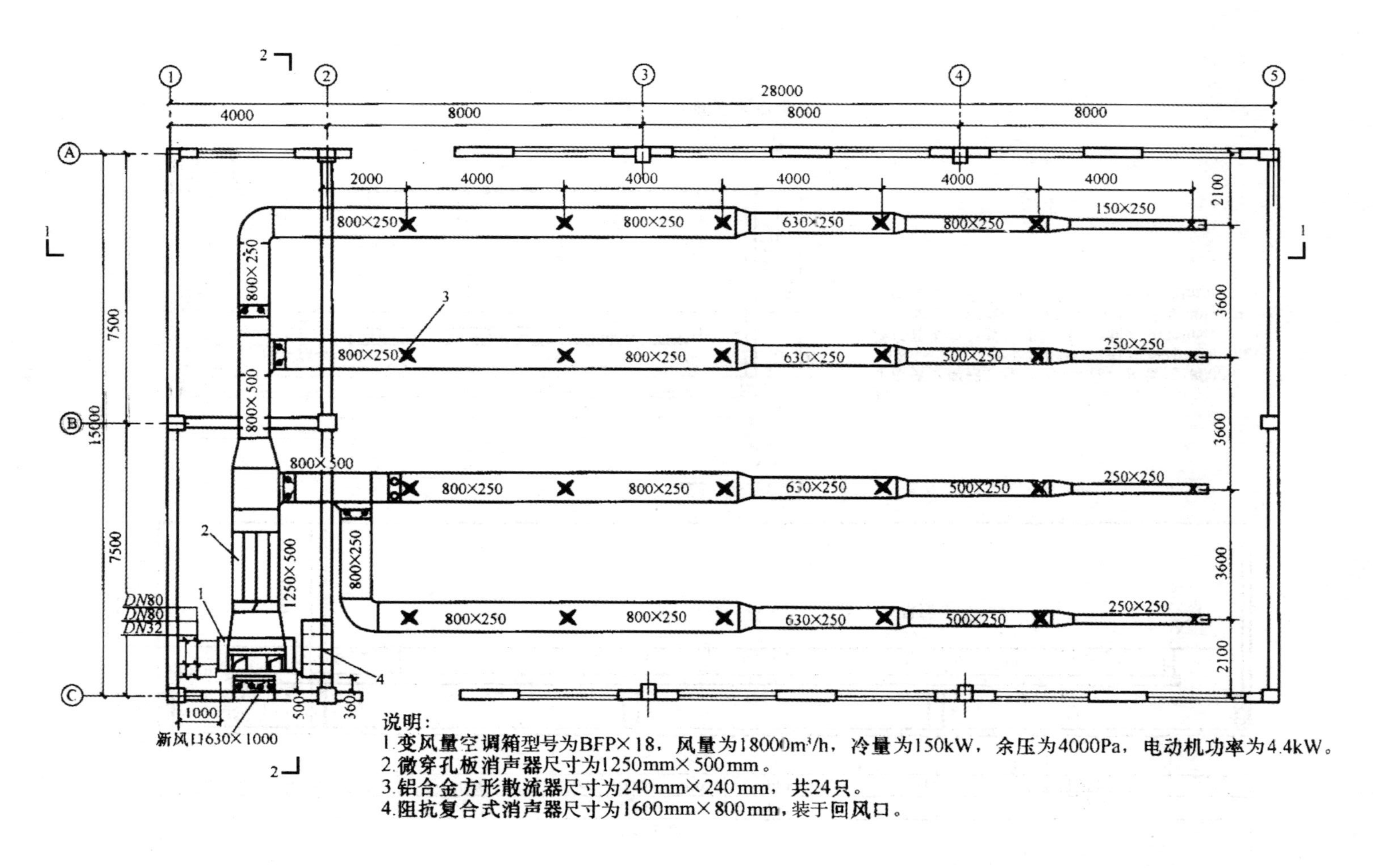

说明：
1.变风量空调箱型号为BFP×18，风量为18000m³/h，冷量为150kW，余压为4000Pa，电动机功率为4.4kW。
2.微穿孔板消声器尺寸为1250mm×500mm。
3.铝合金方形散流器尺寸为240mm×240mm，共24只。
4.阻抗复合式消声器尺寸为1600mm×800mm，装于回风口。

图3－105　空调系统平面图

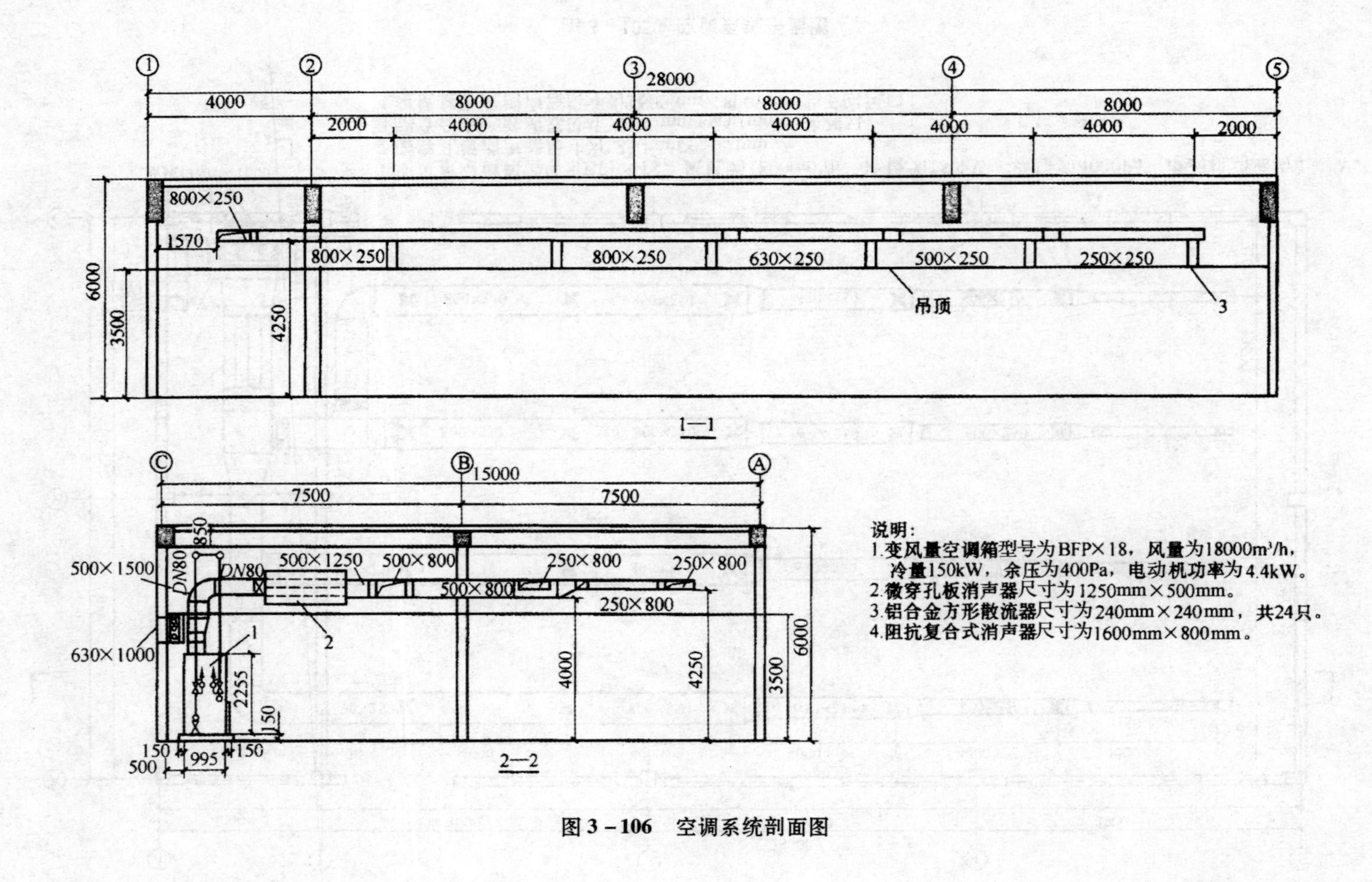

图3-106 空调系统剖面图

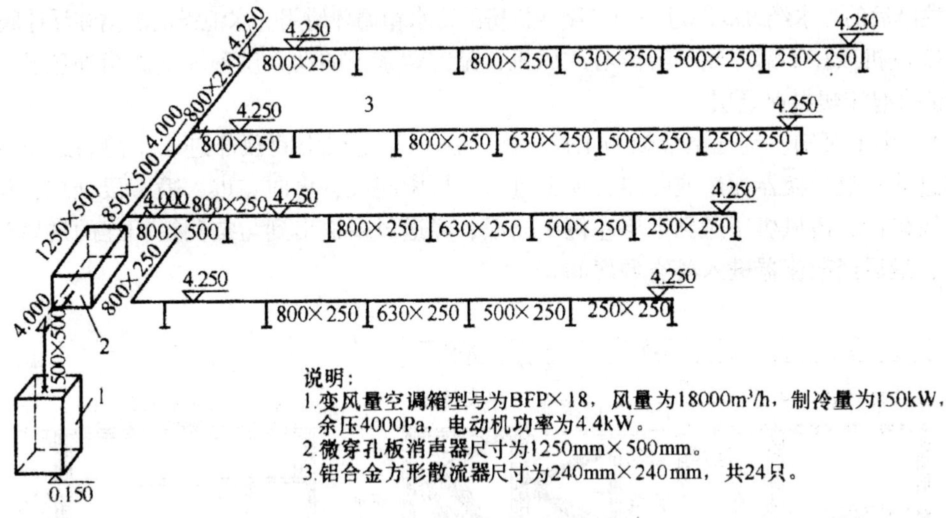

图 3－107 空调系统风管系统图

5）从 1－1 剖面图可看出，房间高度为 6m，吊顶距地面高度为 3.5m，风管暗装在吊顶内，送风口直接开在吊顶面上，风管底标高分别为 4.25m 和 4m，气流组织为上送下回。

6）从 2－2 剖面图可看出，送风管通过软接头从空调箱上部接出，沿气流方向高度不断减小，从 500m 变成 250mm。

从剖面图还可看出三个送风支管在总风管上的接口位置及支管尺寸。

7）平面图、剖面图和风管系统图对照阅读可知，多功能厅的回风通过消声器 4 被吸入空调机房，同时新风也从新风口进入空调机房，二者混合后从空调箱进风口吸入到空调箱内，经冷热处理后沿送风管到达每个散流器，通过散流器到达室内，是一个一次回风的全空气空调系统。

实例 88：金属空气调节箱总图识读

图 3－108 为叠式金属空气调节箱，从图中可以了解以下内容：

1）本图为叠式金属空调箱的总图，分别为该空调箱的 1－1、2－2、3－3 剖面图。该空调箱分为上、下两层，每层三段，共六段，制造时用型钢、钢板等制成箱体，分六段制作，装上配件和设备，最后拼接成该空调箱的整体。

2）上层分为中间段、加热及过滤段和再加热段。

①左段为中间段，该段没有设备，只供空气通过。

②中间段为加热及过滤段，左边为设加热器的部位（该工程未设置），中部顶上的两个矩形管用来连接新风管和送风管，右部装过滤器。

③右段为再加热段，热交换器倾斜安装于角钢托架上。

3）下层分为中间段、喷雾段和风机段。

①中间段只供空气通过。

②中部是喷雾段，右部装有导风板，中部有两根冷水管，每根管上有三根立管，每根立管上又接有水平支管，支管端部装有喷嘴，喷雾段的进、出口都装有挡水板，下部设有水

池，喷淋后的冷水经过滤网过滤回到制冷机房的冷水箱循环使用。水池设溢水槽和浮球阀。

③风机段在下部左侧，有离心式风机，是空调系统的动力设备。空调箱外包敷厚为30mm的泡沫塑料保温层。

4）由上可知，空气调节箱的工作过程是新风从上层中间顶部进入，向右经空气过滤器过滤、热交换器加热或降温，向下进入下层中间段，再向左进入喷雾段处理，然后进入风机段，由风机压送到上层左侧中间段，经送风口送出到与空调箱相连的送风管道系统，最后经散流器进入各空调房间。

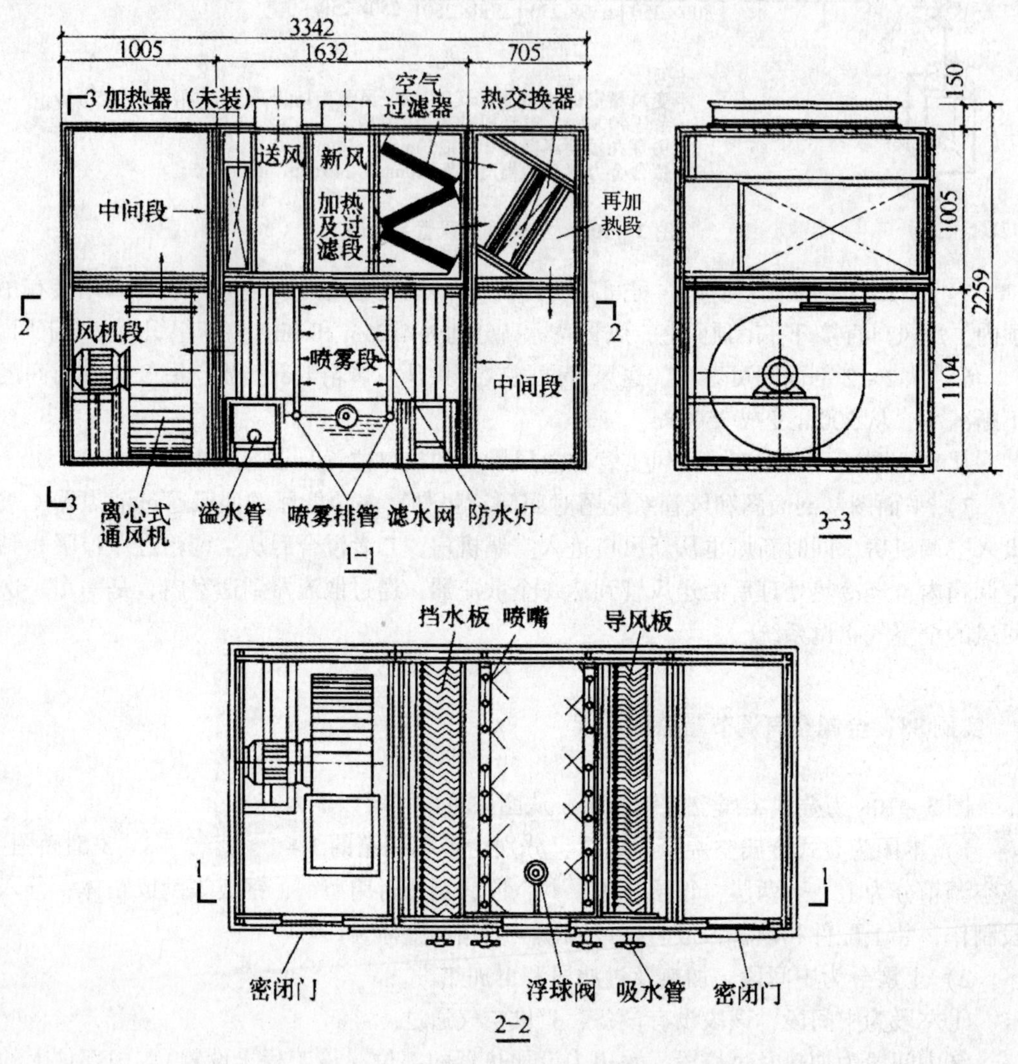

图3－108　叠式金属空气调节箱

实例89：冷、热媒管道施工图识读

图3－109～图3－111分别为冷、热媒管道底层、二层平面图和管道系统图，从图中可以了解以下内容：

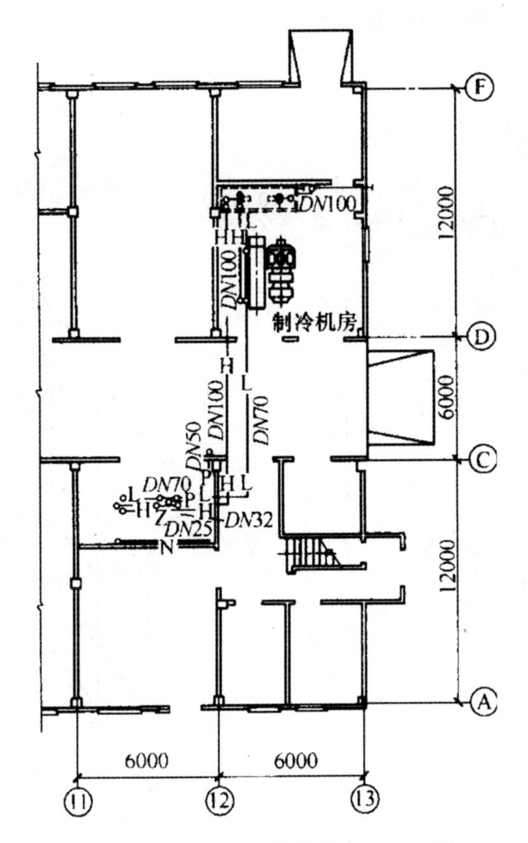

图 3 – 109 冷、热媒管道底层平面图

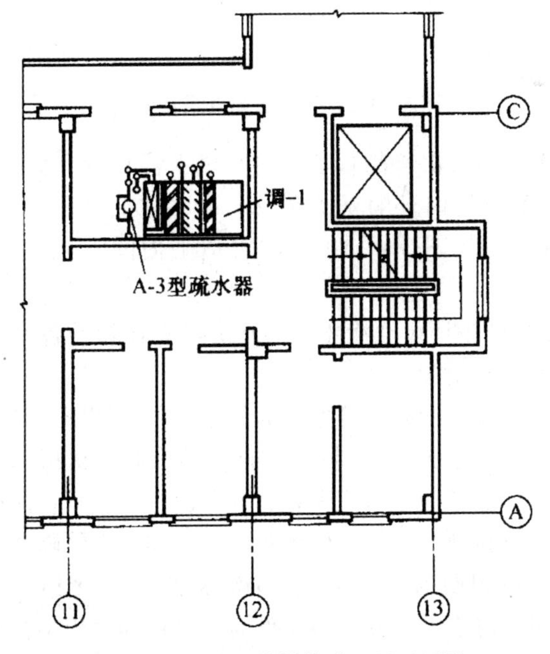

图 3 – 110 冷、热媒管道二层平面图

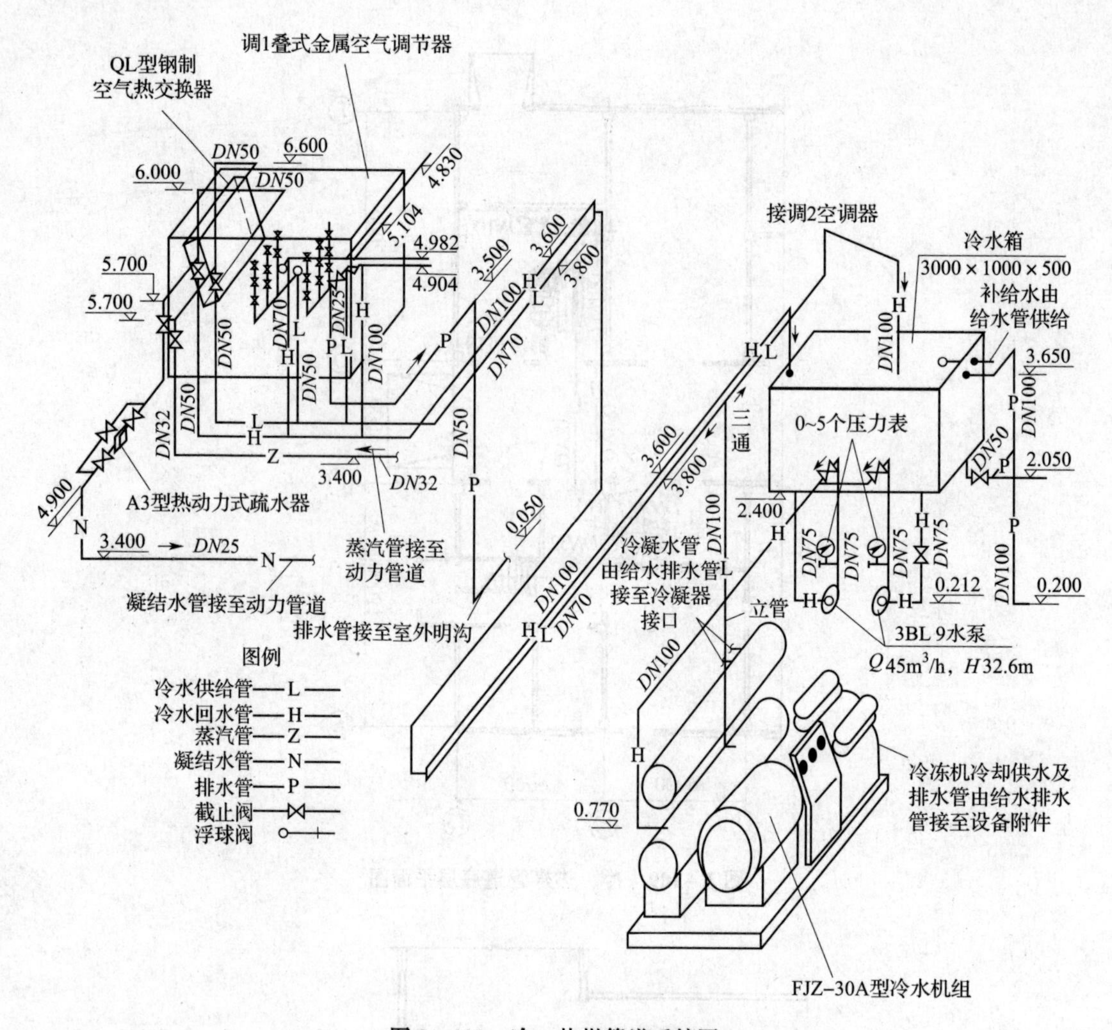

图 3-111　冷、热煤管道系统图

1）从制冷机房接出的两根长的管子即冷水供水管 L 与冷水回管 H，水平转弯后，就垂直向上走。在这个房间内还有蒸汽管 Z、凝结水管 N、排水管 P，都吊装在该房间靠近顶棚的位置上，与图 3-110 二层管道平面图中调 -1 管道的位置是相对应的。

2）在制冷机房平面图中还设有冷水箱、水泵和相连接的各种管道，可根据图例来分析和阅读这些管子的布置情况。

3）图 3-111 为表示冷、热媒管道空间布置情况的系统图。图中画出了制冷机房和空调机房的管路和设备布置情况。从调 -1 空调机房和制冷机房的管路系统来看，从制冷机组出来的冷水经立管和三通进入空调箱，并分出三根支管，两根将冷媒水送到连有喷嘴的喷水管，另一支管接热交换器，给经过热交换器的空气降温；从热交换器出来的回水管Ⓗ与空调箱下的两根回水管汇合，用 *DN*100 的管子接到冷水箱，冷水箱中的水由水泵送到冷水机组进行降温。当系统不工作时，水箱和系统中存留的水由排水管 P 排出。

实例90：19DK型封闭离心式冷水机组安装图识读

图3－112为19DK封闭型离心式冷水机组安装图，从图中可以了解以下内容：

1）拔管长度为4000mm，留在任何一端都可以。

2）冷水管和冷却水管在电动机端称为A型，在压缩机端称为B型。

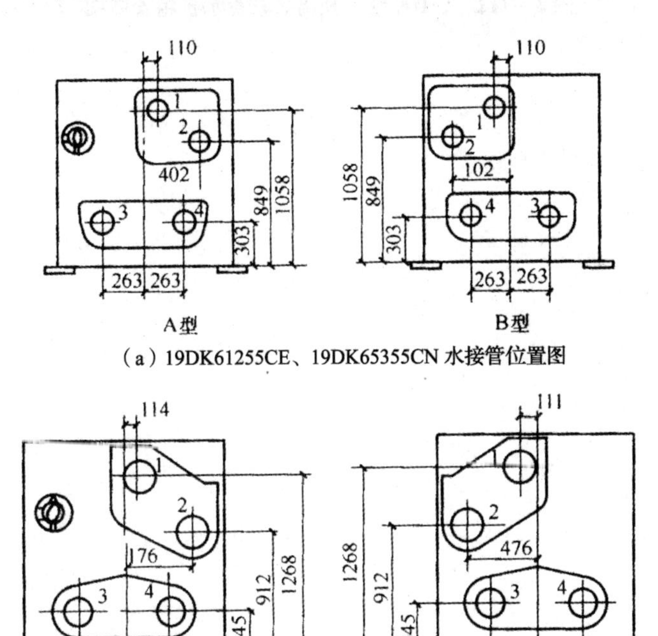

（a）19DK61255CE、19DK65355CN水接管位置图

（b）19DK78405CQ水接管位置图

水接管尺寸表

位置、尺寸 机组型号	1（冷却水出水）	2（冷却水进水）	3（冷水进水）	4（冷水进水）
19DK61255CE	*DN*200（ϕ219×7）	*DN*200（ϕ219×7）	*DN*150（ϕ168×7）	*DN*150（ϕ168×7）
19DK65355CN	*DN*200（ϕ219×7）	*DN*200（ϕ219×7）	*DN*150（ϕ168×7）	*DN*150（ϕ168×7）
19DK78405CQ	*DN*250（ϕ273×9）	*DN*250（ϕ273×9）	*DN*200（ϕ219×7）	*DN*200（ϕ219×7）

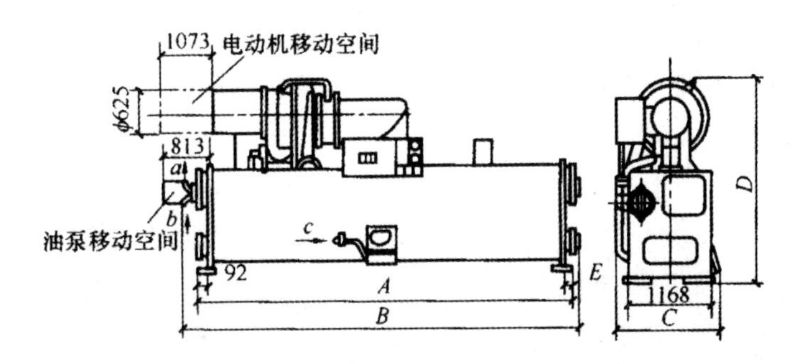

尺寸表（mm）

机组型号	*A*	*B*	*C*	*D*	*E*	接口 *a*	接口 *b*	接口 *c*
19DK61255CE	4031	4206	1356	2334	257	液压泵冷却器进口 *DN*15（内）	液压泵冷却器出口 *DN*20	氟利昂充液口 *DN*15（内）
19DK65355CN	4031	4260	1356	2334	257			
19DK78405CQ	4031	4317	1524	2695	286			

图3－112　19DK封闭型离心式冷水机组安装图

参考文献

[1] 中华人民共和国住房和城乡建设部. 房屋建筑制图统一标准 GB/T 50001—2010 [S]. 北京：中国计划出版社，2010.

[2] 中华人民共和国住房和城乡建设部. 总图制图标准 GB/T 50103—2010 [S]. 北京：中国计划出版社，2010.

[3] 中华人民共和国住房和城乡建设部. 建筑给水排水制图标准 GB/T 50106—2010 [S]. 北京：中国建筑工业出版社，2010.

[4] 中华人民共和国住房和城乡建设部. 暖通空调制图标准 GB/T 50114—2010 [S]. 北京：中国建筑工业出版社，2010.

[5] 曲云霞. 暖通空调施工图解读 [M]. 北京：中国建筑工业出版社，2009.

[6] 史新. 建筑工程快速识图技巧 [M]. 北京：化学工业出版社，2013.

[7] 朱缨. 建筑识图与构造 [M]. 北京：化学工业出版社，2010.

[8] 李联友. 建筑水暖工程识图与安装工艺 [M]. 北京：中国电力出版社，2006.

[9] 陈思荣. 建筑水暖电设备安装技能训练 [M]. 北京：电子工业出版社，2010.

[10] 王全凤. 快速识读暖通空调施工图 [M]. 福州：福建科学技术出版社，2006.